SHUIDAO DAOWEN BINGJUN
ZHIBING JILI JI FANGKONG JISHU

水稻稻瘟病菌
致病机理及防控技术

邓淑桢 —— 著

化学工业出版社

·北京·

内容简介

本书介绍了稻瘟病菌的生物学特性，包括稻瘟病菌的危害特点、病害循环、防止措施等，同时概述了稻瘟病菌致病机理的相关研究进展。阐述了过氧化物酶体蛋白 MoPex1 调控稻瘟病菌致病性的分子机制。阐明了过氧化物酶体蛋白 MoPex1 调控稻瘟病菌致病性的分子机制和糖基转移酶蛋白 MoGt2 调控稻瘟病菌形态分化和致病性的分子机制。系统解析了 MoGT2 在稻瘟病菌菌丝生长、分生孢子产生、菌落疏水性和致病性等方面的作用，阐明了 MoGt2 调控稻瘟病菌形态分化和致病性的分子机理。介绍了转录调节子 MoSom1 磷酸化位点 Ser227 对稻瘟病菌致病性的影响。最后，从选育抗病品种、化学防治和生物防治等方面深入介绍了稻瘟病综合防控技术。

本书对生物技术、植保、作物学等专业科研人员和师生具有较好的理论指导和实用参考价值。

图书在版编目（CIP）数据

水稻稻瘟病菌致病机理及防控技术 / 邓淑桢著.

北京：化学工业出版社，2024.10. -- ISBN 978-7-122-46021-9

Ⅰ.S435.111.4

中国国家版本馆 CIP 数据核字第 2024WQ7121 号

责任编辑：邵桂林　　　　　　　　　　装帧设计：刘丽华
责任校对：李露洁

出版发行：化学工业出版社
　　　　　（北京市东城区青年湖南街 13 号　邮政编码 100011）
印　　装：北京科印技术咨询服务有限公司数码印刷分部
850mm×1168mm　1/32　印张 6　字数 145 千字
2024 年 9 月北京第 1 版第 1 次印刷

购书咨询：010-64518888　　　　　售后服务：010-64518899
网　　址：http://www.cip.com.cn

凡购买本书，如有缺损质量问题，本社销售中心负责调换。

定　　价：59.00 元

水稻是世界上重要的粮食作物，由稻瘟病菌（有性态 *Magnaporthe oryzae*，无性态 *Pyricularia oryzae*）引起的稻瘟病是世界范围内危害水稻生产最严重的病害之一。严重年份导致减产可达到 50%，甚至绝收。稻瘟病的病害循环起始于分生孢子与寄主植物的表面接触，在适宜的条件下，分生孢子萌发形成芽管，随后形成初生附着胞；随着黑色素的沉积和膨压的形成，附着胞逐渐成熟，凭借膨压形成的机械压力穿透寄主表皮而发生侵入，病菌侵入 3～5 天后形成褐色或灰褐色的病斑。由于其典型的侵染循环和成熟的分子遗传操作，稻瘟病菌与水稻互作系统已成为研究病原菌-寄主植物互作机制的模式系统。目前，种植抗病品种和施用化学农药能有效地控制稻瘟病的发生。但是大量且不合理的农药施用会导致环境污染以及病原菌抗药性等问题；且病原菌变异迅速，导致抗病品种连续种植后易失去抗性。因此，从分子层面揭示稻瘟病菌的致病机制，可以为水稻病害防治和新药开发提供分子靶点，也对其他植物病原真菌致病机理的认识具有重要的作用。

本书以稻瘟病菌为研究对象，通过采用蛋白质组学、基因敲除、酵母双杂交、荧光定量 PCR、透射电镜等前沿技术对稻瘟病菌致病相关基因的分子功能进行了系统深入的研究。

本书内容分为 6 章：第一章为绪论，简要介绍了稻瘟病菌的生物学特性，包括稻瘟病菌的危害特点、病害循环等，同时概述了稻瘟病菌致病机理的相关研究进展。第二章为过氧化物酶体蛋白 MoPex1 调控稻瘟病菌致病性的分子机制。通过构建 ATMT 突变体库鉴定到了一个编码过氧化物酶体 Peroxin 1（Pex1）的蛋白 MoPex1，$\Delta Mopex1$ 突变体致病性丧失，并且在菌丝营养生长、分生孢子产生和附着胞的形成上存在缺陷；$MoPEX1$ 的缺失阻止了过氧化物酶体基质蛋白的输入。阐明了过氧化物酶体蛋白 MoPex1 调控稻瘟病菌致病性的分子机制。第三章为转录调节子 MoSom1 磷酸化位点 Ser227 对稻瘟病菌致病性的影响。通过对转录调节子 MoSom1 进行生物信息学分析发现，MoSom1 中含有 8 个预测的 PKA 磷酸化位点，通过点缺失和点突变技术明确了 MoSom1 磷酸化位点 Ser227 对稻瘟病菌致病性的影响。第四章为糖基转移酶蛋白 MoGt2 调控稻瘟病菌形态分化和致病性的分子机制。通过对糖基转移酶蛋白 MoGt2 分子功能的研究，系统解析了 *MoGT2* 在稻瘟病菌菌丝生长、分生孢子产生、菌落疏水性和致病性等方面的作用，阐明了 MoGt2 调控稻瘟病菌形态分化和致病性的分子机理。第五章为稻瘟病综合防控技术。分别从抗病育种、化学防治和生物防治 3 个方面探讨了水稻稻瘟病的防治策略。第六章是对全书的总结与展望。

本书由河南省重点研发与推广专项（科技攻关）项目（222102110295）和河南省高等学校重点科研项目（23A210006）资助出版。

本书在撰写的过程中参考和引用了一些参考文献，在此对相关作者表示衷心的感谢！

由于作者水平有限，书中难免存在疏漏和不足之处，敬请同行专家给予批评和指正。

著者
2024 年 5 月

目录

第三章　转录调节子 MoSom1 磷酸化位点 Ser227 对稻瘟病菌致病性的分子功能研究 // 086

第四章　糖基转移酶蛋白 MoGt2 调控稻瘟病菌形态分化和致病性的
　　　　分子功能研究 // 115

第一章

绪论

　　水稻是世界上重要的粮食作物，稻米也是我国消费量最大的粮食产品。近年来，随着人口的增长和耕地面积的减少，水稻生产的增长已远远落后于需求的增长。可见水稻生产安全不仅关系到我国的国计民生，也是平衡世界粮食供求的重要因素，所以需要最大程度地降低由病害引起的粮食损失。由稻瘟病菌（有性态 *Magnaporthe oryzae*，无性态 *Pyricularia oryzae*）引起的稻瘟病是危害水稻生产最严重的病害之一，在水稻的整个生长期都可发生。在水稻产区，如遇环境条件适宜，会引起大幅度减产，严重的减产达 40％～50％，局部田块甚至颗粒无收（孙国昌等，2000）。因此，有效地控制稻瘟病的发生对保障我国粮食生产安全具有重要的经济意义。

1.1　稻瘟病与稻瘟病菌

　　稻瘟病在水稻的整个生育期都可发生。稻瘟菌主要侵染水稻的地上部分（图 1.1），根据受害部位不同，稻瘟病可分为苗瘟、叶瘟、叶枕瘟、节瘟、穗颈瘟、枝梗瘟和谷粒瘟。苗瘟多发生在 3 叶期以前，病苗基部会变黑褐色，严重时病苗枯死。叶瘟发生在 3 叶期以后，根据病斑形态的不同可分为四种类型：一是白点型，病斑

白色，不产生分生孢子；二是急性型，病斑暗绿，多近圆形，之后
可逐渐发展为纺锤形；三是慢性型，病斑呈纺锤形，最外缘为黄色
的中毒部，内圈是褐色的坏死部，中央是灰白色的崩溃部；四是褐
点型，病斑呈褐色小点。节瘟主要发生在穗颈下第一、二节上，初
为褐色小点，后期易折断。穗颈瘟和枝梗瘟发生在穗颈、穗梗和枝
梗上。穗颈发病早的话多形成白穗，严重影响产量，发病迟的会导
致谷粒不充实。

图 1.1 稻瘟病症状

(Galhano & Talbot, 2011)

稻瘟菌（有性态为 *Magnaporthe oryzae*，无性态为稻梨孢
Pyricularia oryzae）是单倍体、异宗配合的子囊菌。自然界尚未
发现稻瘟菌的有性态，但在实验室条件下，将两个异宗交配型
(*MAT 1-1* 和 *MAT 1-2*) 菌株接种在人工燕麦培养基上对峙培养
4 周后，在两个菌株的交界处可产生子囊壳及子囊孢子，子囊孢子
钝菱形 (Valent, 1990)。田间常见的是无性态的菌丝体和分生孢
子，分生孢子梨形，成熟时通常有两个隔膜，顶细胞立锥状，基部
细胞钝圆。

　　稻瘟病的病害循环起始于分生孢子与寄主植物的表面接触，成熟的分生孢子从分生孢子梗上脱落后，借助外界条件落在植物叶片的表面，通过孢子顶端释放出的黏液使得孢子紧紧黏附在叶片上，在适宜的温度和湿度条件下，萌发形成芽管。当芽管生长到一定长度后其顶端膨大形成透明、球形的初生附着胞（Howard et al.，1991）；随着黑色素的沉积和膨压的形成，附着胞颜色逐渐加深，细胞壁变厚，从而变成成熟的附着胞，在其底部会形成一个侵染钉，凭借膨压形成的机械压力直接穿透植物叶片，并在植物组织中扩展形成丛枝状的侵染菌丝（Talbot，2003）。侵染菌丝不断地吸取寄主植物的营养迅速填满了植物表皮细胞，并向周围细胞扩展，继而在寄主组织表面形成褐色或灰褐色的病斑（Dean et al.，2005；Kankanala et al.，2007）。病斑中的菌丝向空气中分化出新的分生孢子梗，产生大量的分生孢子。随着在外界的传播，引起再侵染，开始下一轮的病害循环（图 1.2）。

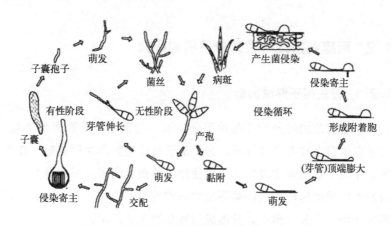

图 1.2　稻瘟病菌的生活史

（Dean et al.，2005）

　　稻瘟病菌作为模式真菌，其重要性或优势主要体现在以下几方面（Xu et al.，2006；Xu et al.，2007）：①稻瘟病对水稻的危害

极大，控制稻瘟病的危害对保障粮食安全非常重要；②稻瘟病菌与
寄主植物之间的互作关系符合"基因对基因"关系；③稻瘟病菌的
侵染过程较为典型，与很多重要的病原真菌的侵染过程相似。对稻
瘟病菌致病机理的研究可以为其他病原真菌的研究提供借鉴，稻瘟
病菌还与构巢曲霉（*Aspergillus nidulans*）和粗糙脉孢霉（*Neu-
rospora crassa*）的亲缘关系较近，可以相互借鉴参考。④稻瘟病
菌的基因组约 40Mb，其全基因组序列已经公布在 http：//www.
riceblast. org/(Dean et al. ，2005)。⑤稻瘟菌非专性活体寄生，可
在人工培养基上生长，便于在实验室内操作。⑥稻瘟病菌已建立成
熟的转化体系，如限制性内切酶介导的整合技术（REMI）和农杆
菌介导的转化技术（ATMT），易于进行分子遗传学操作，在此基
础上，为研究稻瘟病菌与寄主植物的互作关系奠定了良好的基础。
目前世界各地的研究人员已经对稻瘟病菌的致病机理展开了深入的
研究。

1.2 稻瘟病菌致病性的分子机制研究

1.2.1 分生孢子形成机制

稻瘟病菌的侵染循环起始于分生孢子与寄主植物表面的接触，
在适宜的温度和湿度条件下，分生孢子迅速萌发产生附着胞，在膨
压的作用下穿透寄主表皮，最后使得植物形成病斑，所以分生孢子
的产生对稻瘟病菌的侵染循环起着非常重要的作用，分生孢子梗成
熟后开始产生分生孢子，其形成过程如图 1.3 所示。

目前已鉴定到一些与分生孢子形成相关的基因，研究报道
如下：

Hamer 等通过 Teflon 膜筛选得到了 14 株附着胞形成有缺陷的
菌株，并确定了 *SMO1* 的基因位点，*smo1*⁻ 突变体形成的分生孢

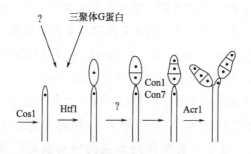

图 1.3　稻瘟病菌分生孢子形成示意图

(Liu et al., 2010)

子、附着胞、子囊均形态异常，在非诱导型的表面上仍能形成附着胞 (Hamer et al., 1989)。Lau 和 Hamer 利用插入突变的方法鉴定到一个分生孢子形态发生的主要调节因子 *ACR1*，*acr1*⁻ 突变体丧失致病性，没有侵染相关的形态发生 (Lau & Hamer，1998；Nishimura et al.，2000)。*ACR1* 与构巢曲霉 (*Aspergillus nidulans*) 中的 *medA* 基因同源，*medA* 基因也参与调控分生孢子的产生。*ACR1* 似乎是阶段特异性的负向调控因子，是建立产孢模型所必需的。*acr1*⁻ 突变体分生孢子呈首尾相接的串珠状排列在分生孢子梗上，此外，分生孢子顶端无法行成孢子顶端黏液，因此在分生孢子附着方面存在缺陷。

　　有研究者通过 T-DNA 插入的方法鉴定到了一个完全丧失产孢能力的基因 *COS1* (Zhou et al.，2009)，*COS1* 编码的含 491 个氨基酸的锌指结构蛋白定位在细胞核，*COS1* 缺失突变体能通过菌丝在水稻幼根及划伤的水稻叶片上产生病斑，但不是病原菌致病性所必需的。

　　通过化学诱变和插入突变的方法，鉴定到了 6 个控制产孢不同阶段的基因：*CON1*、*CON2*、*CON4*、*CON5*、*CON6* 和 *CON7* (Shi & Leung，1994；Shi & Leung 1995)。每个基因的缺失都会导致分生孢子产生和分生孢子形态的异常。*con1*⁻ 突变体产生的分生孢子长度是野生型的 2 倍，宽度是野生型的 1/2；*con2⁻* 突变体在黑暗条件下不产生孢子，但在直接照明条件下能够产生单个或 2 个细胞的分生孢子；*con4⁻* 突变体的分生孢子呈椭圆形，基部细胞微窄；*CON5* 突变后完全不能形成分生孢子梗，而 *CON6* 突变后虽然能形成大量的分生孢子梗但仍不能产生分生孢子；*con7⁻* 突变体形成的分生孢子有正常和异常两种类型。*con1⁻*、*con2⁻*、*con4⁻*、*con7⁻* 这 4 个突变体对水稻的致病性均降低，*con2⁻* 和 *con4⁻* 与野生型相比形成较少的附着胞，即使在高浓度的接种条件下也只能产生较少的病斑；*con1⁻* 和 *con7⁻* 不产生附着胞，在完整和划伤的水稻叶片上均不能产生病斑（Shi & Leung, 1995; Odenbach et al., 2007）。

Kim 和 Liu 等研究报道 *HTF1* 基因缺失虽然不能产生分生孢子，但其菌丝尖端仍能形成黑色素化的附着胞来侵染寄主植物（Kim et al., 2009; Liu et al., 2010）。Yang 等克隆到一个控制分生孢子形态的基因 *COM1*，该基因缺失后分生孢子形态呈梭形，附着胞膨压及侵染菌丝扩展能力均存在缺陷，导致突变体的致病力显著下降（Yang et al., 2010）。

近年来本实验室相继克隆到 *LDB1*、*SOM1* 和 *CDTF1*，这 3 个基因在真菌的形态遗传中起着非常重要的作用，任何一个基因缺失后菌株均不能产生分生孢子，同时也丧失了对寄主的致病力（Li et al., 2010; Yan et al., 2011）。

1.2.2 寄主表面的识别机制

稻瘟病菌的分生孢子落在寄主表面后通过分泌孢子顶端黏液（STM）附着在寄主表面，Howard 和 Valent 报道孢子顶端黏液包含蛋白质、碳水化合物和脂类物质，但孢子顶端黏液的产生、化学组成和物理特性还需要进一步研究（Howard & Valent, 1996）。

分生孢子接触水后，在适宜的温度和湿度条件下 30min 内即可萌发形成芽管，不需要外界营养（Xiao et al.，1994），而分生孢子形成附着胞则需要外界环境的刺激及本身的遗传特性。寄主表面结构及真菌表面分子在诱导侵染结构中的影响已被考虑在内，有研究者已对与附着胞形成相关的因素进行了研究（Xiao et al.，1994；Lee & Adams，1994；Gilbert et al.，1996），发现疏水固体表面有利于附着胞的分化。

Talbot 等鉴定到一个参与识别疏水表面的基因 *MPG1*（Talbot et al.，1993；Talbot et al.，1996），*MPG1* 编码一个 I 类疏水蛋白，*MPG1* 缺失后产孢量减少，附着胞形成率降低，致病力减弱。*MPG1* 参与疏水表面的识别，透射电子显微镜观察发现 *MPG1* 缺失突变体的分生孢子没有互相交织的小棒层，而这小棒层构成了其表面的疏水性。此外，*MHP1* 编码一个 II 类疏水蛋白，含 102 个氨基酸，其中包含 8 个半胱氨酸残基，也已经被克隆（Kim et al.，2005）。*MHP1* 缺失突变体在产孢、萌发、附着胞的形成和侵染菌丝阶段都存在缺陷。*MHP1* 和 *MPG1* 的同源性达到 20%，其在植物定值和产孢阶段高度表达，但在菌丝生长阶段几乎不表达。此外，已有研究报道有一些化学物质可以诱导稻瘟病菌附着胞的形成，如角质单体、水稻叶片蜡质提取物、二酰基甘油（DAG）及外源 cAMP 和 IBMX 等化合物（Lee & Dean，1993；Gilbert et al.，1996；Liu et al.，2011；Skamnioti & Gurr，2007；DeZwaan et al.，1999）。

PTH11 是一种跨膜蛋白，定位在细胞膜上，也参与寄主表面的识别（DeZwaan et al.，1999）。Δ*pth11* 突变体芽管顶端膨大形成钩状结构，但只有 10%～15% 的分生孢子能够形成正常的附着胞，虽然在健康的叶片上没有致病性，但在划伤的植物组织上能形成病斑。外源 cAMP 能够恢复附着胞的形成和致病性，但外源二酰基甘油只能恢复突变体附着胞的形成。这些结果表明 *PTH11* 可

能在 cAMP 信号通路上游起作用。

Msb2 和 Sho1 作用在 Pmk1 的上游，也参与到寄主表面的识别（Liu et al.，2011）。Liu 等报道 *MSB2* 缺失后附着胞形成率和致病性明显降低，而 *SHO1* 缺失后附着胞形成率和致病性轻微降低。但是这两个基因双敲除后突变体在疏水表面上几乎不能形成附着胞，体内 Pmk1 的磷酸化水平也降低。外源添加角质单体后，能恢复 Δsho1 敲除体的表型，而 Δmsb2 敲除体和 Δmsb2sho1 敲除体的附着胞形成能力仍不能得到恢复；水稻蜡质及蜜蜡能不同程度地恢复 Δsho1 敲除体、Δmsb2 敲除体和 Δmsb2sho1 敲除体的附着胞形成能力；*MSB2* 和 *SHO1* 在信号识别上可能存在功能冗余。

1.2.3 黑色素的合成

稻瘟病菌侵入寄主表面是依赖于附着胞内产生的巨大的膨压，黑色素沉积在细胞壁内侧形成黑色素层可以阻止内部溶质的流出，所以附着胞黑色素化是膨压形成的必要条件。

目前稻瘟病菌已经克隆到 3 个黑色素合成相关基因：*ALB1*（MGG_07219）、*RSY1*（MGG_05059）和 *BUF1*（MGG_02252）（图 1.4）。*ALB1* 编码多聚酮（polyketide）合成酶，是黑色素合成的第一步。*RSY1* 编码 Scytalone 脱水酶，催化 Scytalone 为三羟基萘（trihydroxynaphthalene），也可催化 vermelone 为 dihydroxynaphthalene，该蛋白的三级结构已有报道，这将有助于开发新的杀菌剂（Lundqvist et al.，1994）。*BUF1* 编码一个依赖 NADPH 的多羟基萘还原酶（polyhydroxynaphthalene reductase），它与寄生曲霉（*Aspergillus parasiticus*）中的酮还原酶的同源性达到 56%（VIDAL-CROS et al.，1994）。Chumley 和 Valent 分离了三类突变体即 alb1⁻、rsy1⁻、buf1⁻，发现这三个基因任何一个位点的缺失都不能合成黑色素，不能形成功能性附着胞，导致致病性的丧失

（Chumley & Valent，1990），因此黑色素是附着胞发挥功能所必需的。

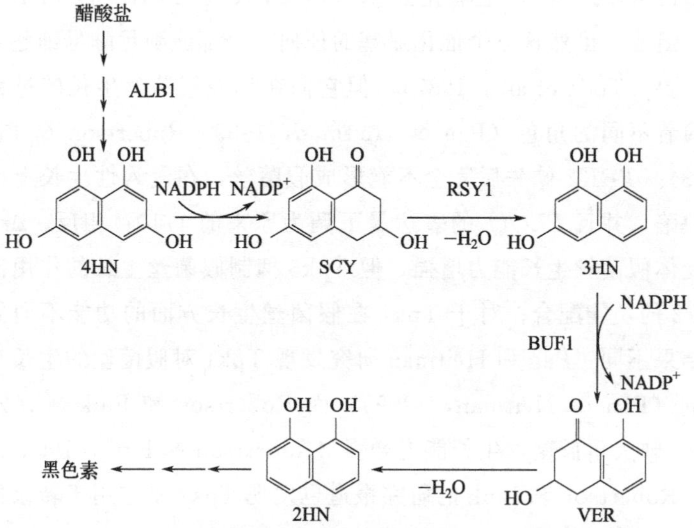

图 1.4　黑色素合成途径
（Howard & Valent，1996）

1.3　参与侵染过程的信号途径研究进展

1.3.1　cAMP 信号途径

1.3.1.1　酵母 cAMP-PKA 信号途径

　　在氮饥饿的条件下，酿酒酵母单倍体和二倍体的丝状生长形式不同：二倍体酿酒酵母的丝状生成可以形成假菌丝，而单倍体酵母细胞在营养丰富条件下主要表现为侵入性生长（Gimeno et al.，1992；Cullen et al.，2004；Cullen & Sprague，2000）。目前，关于参与酵母丝状生长的 cAMP-PKA 途径已有比较详尽的报道。

PKA 由两个催化亚基和两个调节亚基组成（Taylor et al.，2005；Kim et al.，2006）。在酵母中，PKA 激酶由一个调节亚基（*BCY1* 编码）和 3 个催化亚基（由 *TPK1*、*TPK2* 和 *TPK3* 编码）组成。虽然这三个催化亚基的任何一个都能满足酵母细胞生存的需要（Toda et al.，1987），但它们在调控假菌丝生长的过程中扮演着不同的角色（Pan & Heitman，1999；Robertson & Fink，1998）。*TPK2* 缺失后完全不能形成假菌丝，在侵入性生长上也存在缺陷，并且 *FLO11* 的表达量下调为原来的 1/10；相反，$\Delta tpk3$ 突变体假菌丝生长能力增强，但 Tpk3 抑制假菌丝生长的作用需要 Tpk2 的功能配合；对于 Tpk1 在假菌丝生长方面的功能不同研究者结果不同：Pan 和 Heitman 研究发现 Tpk1 对假菌丝的生长没有影响（Pan & Heitman，1999）；而 Robertson 和 Fink 研究发现 Tpk1 缺失后假菌丝生长能力增强（Robertson & Fink，1998）。此外，Robertson 和 Fink 的研究报道也发现 Tpk2 是作用于转录抑制子 Sfl1 的上游调控 Flo11 的表达。

酵母中 cAMP-PKA 途径下游的 Flo8 是一个重要的转录激活子，它缺失后阻断了 *FLO11* 的表达及假菌丝的生长，这也是目前常用实验菌株 S288C 不能进行丝状生长表型测定的原因（Liu et al.，1996；Pan & Heitman，1999；Rupp et al.，1999）。有研究发现 Flo8 和 Sfl1 可以结合在 *FLO11* 启动子的 250bp 区域处构成一个复合体，但抑制子 Sfl1 和激活子 Flo8 在调控 *FLO11* 的表达上起相反的作用：Tpk2 将 Sfl1 磷酸化后，使其从 *FLO11* 的启动子区解离下来；相反，Tpk2 将 Flo8 磷酸化后，使其结合在 *FLO11* 的启动子上，调控下游基因的表达（Pan & Heitman，2002）。

在 $\Delta flo8$ 突变体中过表达 Tec1 能恢复 *FLO11* 的表达及假菌丝的生长（Pan & Heitman，1999）；此外，有研究表明 Ste12/Tec1 结合在 *FLO11* 的启动子区调控基因的表达，MAPK 途径和

cAMP-PKA 途径中任何一条途径的中止都会阻断 *FLO11* 的表达，但 *STE12* 或 *FLO8* 的过表达都会抑制 Δ*flo8* 或 Δ*ste12* 突变体的表型缺陷（Rupp et al.，1999），以上结果表明 MAPK 途径和 cAMP-PKA 途径都交汇在 *FLO11* 的表达（Pan & Heitman，1999；Rupp et al.，1999），如图 1.5 所示。

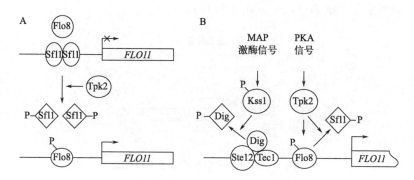

图 1.5　Tpk2 调控转录因子结合到 FLO11 基因的启动子上
(Pan & Heitman，2002)

目前关于 flo8 的研究还很有限，酿酒酵母中的 flo8 是控制丝状生长必不可少的（Liu et al.，1996），也是诱导 *FLO11* 表达所必需的（Pan & Heitman，1999；Rupp et al.，1999）。白色念珠菌中的 Flo8 缺失后导致菌丝发育异常并且丧失致病力（Cao et al.，2006）。在稻瘟菌和烟曲霉中也鉴定到了与 *FLO8* 同源的基因 *SOM1* 和 *SOMA*，两者均能异源互补 Δ*flo8* 的生长缺陷，使其恢复侵入生长及假菌丝的形成；Som1（SomA）在菌丝生长、产孢、有性生殖和致病力上均存在缺陷（Yan et al.，2011；Lin et al.，2015）。

Mfg1 是近年新发现的一个转录调节因子，Shapiro 等报道在酿酒酵母和白色念珠菌中转录调节因子 Mfg1 和 Mss11 可以和 flo8 形成一个复合体进而调控数百个基因的表达（Shapiro et al.，

2012, 如图 1.6)。酿酒酵母中的 $\Delta mfg1$ 突变体的表型与 $\Delta flo8$ 和 $\Delta mss11$ 类似; 在白色念珠菌中 Mfg1 的缺失阻断了细胞的丝状生长和侵入生长, 表型与 $\Delta flo8$ 相似 (Ryan et al., 2012)。同样在烟曲霉 (*Aspergillus fumigatus*) 中也鉴定到了与 *MFG1* 同源的基因 *PTAB*, $\Delta PtaB$ 突变体也表现出与 $\Delta somA$ 类似的表型: 生物膜形成存在缺陷 (Lin et al., 2015)。

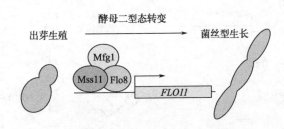

图 1.6 酵母丝状生长的分子调控机制
(Shapiro et al., 2012)

1.3.1.2 稻瘟病菌 cAMP-PKA 信号途径

稻瘟病菌的形态发生和致病过程均受 cAMP-PKA 信号途径的调节 (图 1.7)。cAMP 是原核及真核细胞内的第二信使, 作用在 G 蛋白的下游。在真菌中, cAMP 调节代谢和形态发生。Kronstad 报道 cAMP 信号通路对真菌的致病性起重要作用 (Kronstad, 1997)。cAMP 信号途径受到胞内 cAMP 水平的严格控制, cAMP 的合成与降解分别是通过腺苷酸环化酶和磷酸二酯酶来调控的。外源添加 cAMP 或 3-异丁基-1-甲基黄嘌呤 (IBMX) 可诱导萌发的分生孢子或营养菌丝在非诱导界面上形成分生孢子 (Lee & Dean., 1993)。

稻瘟病菌 *MAC1* 编码腺苷酸环化酶, 催化内源 cAMP 的合成 (Choi & Dean, 1997; Adachi & Hamer, 1998)。*MAC1* 缺失后突变体在诱导界面不能形成附着胞, 也不能形成子囊壳, 致病性丧

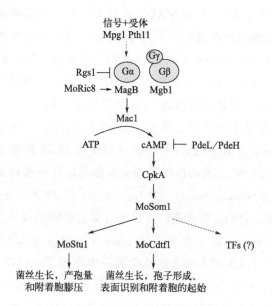

图 1.7   稻瘟病菌 cAMP-PKA 信号途径

(Yan et al.，2011)

失；外源添加 cAMP 能使 *Δmac1* 突变体形成附着胞，并恢复致病
性（Choi & Dean，1997）。*SUM1* 是 *Δmac1* 的旁路抑制因子，
mac1sum1-99 突变体的点突变发生在 PKA 调节亚基第一个 cAMP
结合域 A 中，保守的亮氨酸突变成精氨酸，该位点的突变能恢复
Δmac1 突变体在营养生长、分生孢子产生及有性生殖的缺陷，也
可恢复突变体的附着胞形成能力，并且在亲水界面也能形成附着
胞，但其致病性较野生型弱（Adachi & Hamer，1998）。Zhou 等
报道 Cap1 蛋白参与调控肌动蛋白细胞骨架和 Mac1 的激活（Zhou
et al.，2012）。

Mac1 的活性由 G 蛋白感应外界信号而激活。稻瘟病菌的 G 蛋
白是一个由 α、β 和 γ 组成的异源三聚体蛋白。稻瘟菌中已克隆三
个基因编码 Gα 亚基，分别是 *MAGA*、*MAGB* 和 *MAGC*（Liu &

Rean，1997）。*MAGA* 或 *MAGC* 的缺失不影响稻瘟病菌的营养生长、附着胞的形成及致病性，其中 *MAGC* 缺失后突变体产孢量下降，*MAGB* 缺失后突变体在营养生长、产孢量、附着胞形成和致病性方面有明显下降，外源添加 cAMP 或 1,16-十六烷二醇可恢复 *magB*$^-$ 突变体附着胞的形成。Gα 亚基是稻瘟病菌交配所必需的，*magB*$^-$ 突变体不能形成子囊壳，*magA*$^-$ 和 *magC*$^-$ 突变体不能形成成熟的子囊。Magb 感应外界信号后激活 Mac1 的活性，从而调控 cAMP 的合成，*MAGB* 的显性突变使其能在亲水表面形成附着胞（Fang & Dean，2000）。此外，*MGB1* 和 *MGG1* 分别编码 Gβ 和 Gγ 亚基，它们在附着胞的形成和对寄主植物的侵染过程中起关键作用（Liang et al.，2006；Nishimura et al.，2003）。本实验室前期通过 T-DNA 插入的方法鉴定到一个作用于 cAMP-PKA 途径上游的新组分 MoRic8，Δ*moric8* 突变体在分生孢子的产生、附着胞的形成及有性生殖方面均有缺陷，并丧失致病性；酵母双杂实验显示 MoRic8 与 MagB 存在直接的蛋白互作，表明 MoRic8 可能作为 G 蛋白的调节因子，作用在 cAMP-PKA 途径的上游（Li et al.，2010）。

　　稻瘟病菌中还存在一类 G 蛋白调节因子即 RGS（regulator of G protein signaling）。RGS 蛋白通过调节 G 蛋白，使其响应外界信号的刺激。稻瘟病菌中含 8 个 RGS 蛋白（Zhang et al.，2011c；Liu et al.，2007），Rgs1 与 3 个 Gα 亚基相互作用负调控 G 蛋白信号途径，Δ*rgs1* 突变体产孢量增加，胞内 cAMP 浓度上升，可在亲水表面形成附着胞。Zhang 等对 8 个 RGS 基因进行了鉴定研究，发现在这 8 个基因的敲除体中，cAMP 的水平均有不同程度的上升，表明 RGS 基因负调控体内的 cAMP 水平，从而在致病过程中发挥作用（Zhang et al.，2011c）。

　　cAMP 主要通过激活 PKA 来催化靶蛋白磷酸化进行信号传导（Adachi & Hamer，1998）。腺苷酸环化酶产生的 cAMP 与 cAMP

依赖性激酶 PKA 结合后,引起 PKA 催化亚基 *CPKA* 的释放 (Choi & Dean,1997),活化的催化亚基可能激活磷酸化级联过程进入细胞核将目标蛋白磷酸化 (Mochly-Rosen,1995)。

稻瘟菌中存在两个 PKA 激酶的催化亚基:*CPKA* 和 *CPK2* (Xu et al.,1997;Xu et al.,2007;Mitchell & Dean,1995)。 *CPKA* 缺失后突变体附着胞形成延迟,形态较野生型的小; $\Delta cpkA$ 突变体不能侵染完整的植物叶片,但可以使划伤的水稻叶片发病,表明 *CPKA* 影响附着胞的发育及侵染钉的形成,但不影响侵染菌丝在寄主组织中的扩展。*CPK2* 缺失后无明显表型, CpkA 和 Cpk2 可能存在功能冗余,目前尚未获得这两个基因的双突变体。

稻瘟病菌中存在两个编码磷酸二酯酶的基因,即 *PDEH* 和 *PDEL* (Zhang et al.,2011a;Ramanujam & Naqvi,2010)。 $\Delta pdeH$ 突变体在营养菌丝和侵染菌丝阶段 cAMP 水平升高,产孢量提高 2~3 倍,附着胞提前成熟,致病力下降。$\Delta pdeH\Delta pdeL$ 双敲除体产孢量下降,丧失致病力,胞内 cAMP 的水平显著提高,是野生型的 10 倍;外源 cAMP 能恢复 $\Delta pdeH$ 突变体在侵染菌丝扩展上的缺陷,这些结果表明 PdeH 是通过调控 cAMP 来影响侵染菌丝在寄主组织的扩展,同时发现 PdeH 通过反馈机制调节 MPG1 的表达,从而调控菌丝的疏水性及致病性。

稻瘟菌中对 cAMP-PKA 途径下游基因的研究还比较少。 APSES 转录因子 MoStu1 是附着胞介导的侵染过程所必需的。 $\Delta mostu1$ 突变体菌丝生长变慢,产孢量下降,附着胞形成延迟,附着胞内膨压降低,致病性完全丧失;同时分生孢子内脂滴和糖原的转运效率显著下降 (Nishimura et al.,2009)。本实验室前期鉴定到了两个作用于 cAMP-PKA 途径下游的转录调节因子 MoSom1 和 MoCdtf1 (Yan et al.,2011)。$\Delta mosom1$ 和 $\Delta mocdtf1$ 突变体都不能产生分生孢子,丧失致病性;MoSom1 可以功能互补酵母 $\Delta flo8$

突变体，并与 MoStu1 以及 MoCdtf1 存在强烈的蛋白互作，外源添加 cAMP 后，MoSom1 可与 CpkA 存在微弱的蛋白互作。外源添加 cAMP 能使 *Δpth12* 突变体形成附着胞，说明 Pth12 也可能与 cAMP 信号途径相关（Kim et al.，2009）。

1.3.2 MAPK 信号途径

1.3.2.1 酵母 MAPK 信号途径

MAPK Kss1 在调控酿酒酵母的丝状生长上扮演着双重的角色（Cook et al.，1997；Madhani et al.，1997）：Kss1 处于未激活状态时，它能与负调控因子 Dig1 和 Dig2 结合到异二聚体 Ste12/Tec1 上，抑制 Ste12 的活性；而当 Kss1 被 Ste7 磷酸化后，减弱了它与 Ste12 的结合，此外，激活态的 Kss1 也可磷酸化 Ste12 和 Dig1/Dig2，这些蛋白的磷酸化削弱了这个复合体的组合，促进 Ste12 结合在其靶基因的启动子上来调控相关基因的表达（Bardwell et al.，1998；Bardwell et al.，1998；Cook et al.，1996；Cook et al.，1997；Madhani et al.，1997）。因此，Kss1 的激酶活性是促进细胞丝状生长所必需的（Cook et al.，1997；Madhani et al.，1997）。

1.3.2.2 稻瘟病菌 MAPK 信号途径

丝裂原活化蛋白激酶（mitogen-activated protein kinase，MAPK）是一组能被不同的胞外信号激活的丝氨酸-苏氨酸蛋白激酶。在真核细胞中，MAPK 参与胞外信号的转导并调节生长和分化过程（Gustin et al.，1998；Dohlman，2002）。MAPK 受MAPK 激酶（MEK）激活，MEK 由 MEK 激酶激活，这个MEKK-MEK-MAPK 级联过程在真核生物中是保守的，并且在各种生物体中已被广泛研究（Zhao et al.，2005）。稻瘟病菌已鉴定到 3 个 MAPK 基因：*PMK1*、*MPS1* 和 *OSM1*。Pmk1 在附着胞形成和侵染菌丝生长过程中起重要作用，Pmk1 与酵母中的 Fus3 和

Kss1 同源 （Xu & Hamer，1996）。Mps1 与酿酒酵母 （*S. cerevisiae*）中的 Slt1 同源，是细胞壁完整性和附着胞侵入所必需的 （Xu et al.，1998）。Osm1 与酵母中参与调节细胞膨压的 Hog1 基因同源 （Dixon et al.，1999）。

（1）稻瘟病菌 Pmk1 MAPK 信号途径　*PMK1* 是酿酒酵母 MAPK 激酶 *FUS1/KSS1* 的同源基因，在 *GAL1* 启动子的作用下，*PMK1* 可恢复酵母 *fus3 kss1* 双突变体的交配缺陷；*PMK1* 的缺失不影响分生孢子和子囊孢子的产生，但分生孢子萌发后在芽管顶端会形成膨大结构，不能形成附着胞；*Δpmk1* 突变体能够响应外源 cAMP 的刺激，在亲水界面增强芽管顶端的分化，表明 Pmk1 可能作用于 cAMP 信号途径的下游；此外，*Δpmk1* 突变体在完整的或划伤的叶片上均不能产生病斑，说明 *PMK1* 也是稻瘟病菌穿透寄主表皮和组织内侵染菌丝扩展所必需的 （Xu & Hamer，1996）。

MST11 和 *MST7* 分别编码 MEKK 和 MEK，它们和 *PMK1* 组成了 MAPK 信号途径的 MST11-MST7-PMK1 级联通路，调控稻瘟病菌附着胞的形成及致病过程 （Zhao et al.，2005）。Mst11 和 Mst7 是出芽酵母中 Ste11 和 Ste7 的同源物。与 *Δpmk1* 类似，*Δmst7* 和 *Δmst11* 突变体也不能形成附着胞并且丧失致病性。在 *Δmst11* 突变体中持续表达 Mst7 能部分恢复突变体附着胞形成上存在的缺陷，但在 *Δpmk1* 突变体中持续表达 Mst7 不能诱导突变体形成附着胞，表明 Mst7 可能作用于 Mst11 的下游，同时作用于 Pmk1 的上游。有研究表明 *Δpmk1* 突变体的营养菌丝中 Mps1 的磷酸化水平提高，然而 *Δmps1* 突变体营养菌丝中检测不到磷酸化的 Pmk1，这表明 Mps1 可能被过度激活来弥补 *PMK1* 缺失造成的营养生长缺陷。当显性激活表达 *MST7* 时，Mps1 的磷酸化水平受到抑制，这表明 PMK1 信号通路和 MPS1 信号通路存在 crosstalk，Pmk1 的激活可能负调控 Mps1 的磷酸化。同时，当在 *Δmst7*、*Δmst11* 和 *Δpmk1* 突变体持续表达 *MST7* 时，只有 *Δmst7* 和

Δ*mst11* 衍生的转化子的营养菌丝和附着胞中检测到磷酸化的
Pmk1，这表明 Pmk1 的磷酸化需要 *MST7* 的组成型表达。*MST11*
的 N 端包含了一个 SAM 结构域，该结构域是附着胞形成和致病性
所必需的，且该结构域可与其他含 SAM 结构域的蛋白互作。稻瘟
菌中存在一个基因 MGG＿05199（*MST50*），与酵母的 *STE50* 和
玉蜀黍黑粉菌的 *UBC2* 同源。*MST50* 中的 N 端结构域与 *MST11*
中 SAM 结构域高度同源，酵母双杂交实验证明 Mst50 可分别与
Mst7 和 Mst11 互作，且与 Mst11 的互作较强，但是 Mst50 与
Pmk1 没有互作。此外，Co-IP 和双分子荧光实验证明 Mst7 和
Pmk1 仅在附着胞形成阶段存在较强的互作，且 Mst7 的 MAPK
docking 位点是与 Pmk1 互作所必需的（Zhao & Xu，2007）。以上
结果表明 Mst50 很可能与 Mst11-Mst7-Pmk1 信号通路的上游组分
相关联，且作为一个衔接蛋白来稳定 Mst7 和 Mst11 的互作（Park
et al.，2006）。

　　MST50 缺失后突变体不能形成附着胞，并丧失致病性，
Mst50 中 SAM 的缺失使其不能形成附着胞并失去与 Mst11 的互作
（Park et al.，2006）。Mst50 的 C 端包含一个 Ras associate domain
（RAD），介导 Mst50 与 Ras 蛋白直接结合。稻瘟菌中含有两个
Ras 蛋白：Ras1 和 Ras2，均能与 Mst50 发生互作。Ras1 不影响稻
瘟病菌的致病性，而 Ras2 可能是稻瘟病菌的必需基因，目前还未
获得 *RAS2* 敲除体。在野生型中表达 RAS2G18V（RAS2DA）不
仅可以诱导气生菌丝直接形成附着胞，也可使分生孢子在亲水表面
形成畸形的附着胞。但是在 Δ*mst7*、Δ*mst11* 和 Δ*mst50* 突变体中持
续表达 Ras2 也无法恢复它们在附着胞形成和致病性上的缺陷
（Zhou et al.，2014）。这些结果表明 Ras 蛋白可能同时作用在
cAMP 和 Pmk1-MAPK 信号途径的上游。此外，已有研究表明
Mgb1 涉及附着胞的侵入，可能作用在 Pmk1-MAPK 信号途径的
上游（Nishimura et al.，2003），Park 等利用酵母双杂实验证明

Mst50 与 Mgb1 存在强烈的蛋白互作，同时 Mst50 与 Cdc42 也发生强烈的蛋白互作（Park et al.，2006）。

Mst12 是 Pmk1 的下游靶标分子，$\Delta mst12$ 突变体仍能形成黑色素化的附着胞，但不能穿透寄主表皮；进一步研究发现 $\Delta mst12$ 突变体附着胞产生的膨压正常，但由于附着胞微管骨架的重组存在严重缺陷，导致不能形成侵染钉，因此，Mst12 在侵染钉的形成和侵染过程中起重要作用（Park et al.，2002；Park et al.，2004）。Mcm1 编码一个与 Mst12 互作的 MADS-box 类的转录因子，定位在细胞核（Zhou et al.，2011）。$\Delta mcm1$ 突变体在穿透寄主表皮和侵染菌丝扩展过程均存在缺陷，导致致病力下降；$\Delta mcm1\Delta mst12$ 双敲除体致病力丧失，在亲水表面可以形成一定数量的附着胞，而 $\Delta mcm1$ 或 $\Delta mst12$ 敲除体在亲水表面均不能形成附着胞，表明 Mcm1 和 Mst12 在非诱导条件下在抑制附着胞形成过程中存在功能冗余。Li 等通过体外磷酸化实验从 500 多个稻瘟菌转录因子中鉴定到了与 Pmk1 互作的转录因子 $SFL1$，Sfl1 具有一个假定的 MAPK docking 位点和 3 个假定的 MAPK 磷酸化位点，$\Delta sfl1$ 突变体对温度敏感性增强，致病力减弱（Li et al.，2011）。

有研究鉴定到了 2 个受 Pmk1 调控的基因：$GAS1$ 和 $GAS2$（Xue et al.，2002）。$GAS1$ 和 $GAS2$ 在野生型菌株的附着胞阶段特异性表达，而在 $\Delta pmk1$ 突变体中不表达；任意一个基因的缺失都不影响稻瘟菌营养生长、产孢和附着胞的形成，但侵染钉和侵染菌丝的形成率显著降低导致致病力也降低。Zhang 等通过酵母双杂实验鉴定到了两个与 Pmk1 互作的蛋白 Pic1 和 Pic5；Pic1 是一个核蛋白，缺失后没有明显的表型变化，Pic5 包含两个功能未知的 CTNS（cystinosin/ERS1p repeat）结构域，$\Delta pic5$ 突变体在附着胞的形成、寄主表皮的穿透及致病性上均存在缺陷（Zhang et al.，2011b）。

（2）稻瘟病菌 Mps1 MAPK 信号途径　MPS1 信号通路虽然不

参与附着胞的形成，但是细胞壁完整性、附着胞穿透寄主表皮和侵染菌丝的扩展所必需的（Xu et al.，1998）。Mps1 主要调控 α-1,3-葡聚糖的积累，防止在植物侵染过程中几丁质酶的降解（Fujikawa et al.，2009）。Mps1 是酵母 Slt2 的同源物，同源性达到 85%，并且能恢复酵母 Δslt2 突变体热敏感性生长的缺陷；Δmps1 突变体产孢量下降、气生菌丝易出现"自溶"现象，对细胞壁降解酶敏感性增强；MPS1 缺失后能产生附着胞但不能穿透寄主表皮，从而丧失致病性；Δmps1 突变体虽然不致病，但能诱导早期的植物防御反应，积累自发荧光化合物和重新排列肌动蛋白细胞骨架。

MCK1 作用于 Mps1 MAPK 信号途径的上游，是酿酒酵母 BCK1 的同源物，编码丝裂原活化蛋白激酶激酶（MAPKKK）（Jeon et al.，2008）。Δmck1 突变体表型与 Δmps1 突变体类似，产孢量下降，菌丝自溶，对细胞壁降解酶敏感，能产生附着胞但不能穿透寄主表皮；膨压实验和脂滴染色实验发现 Δmck1 突变体附着胞细胞壁的改变引起膨压变化。

转录因子 Mig1 和 Swi6 作用于 Mps1 的下游，均可与 Mps1 互作（Mehrabi et al.，2008；Qi et al.，2012）。MIG1 编码一个含 MAD-box 的转录因子，Δmig1 突变体能形成附着胞但是只有较少的附着胞能分化形成侵染钉，且侵染菌丝不能在寄主组织内扩展，导致致病力丧失；Δmig1 突变体虽致病力丧失但能诱导植物的防卫反应，表明 Mig1 参与抵御植物防卫反应及侵染菌丝的分化（Mehrabi et al.，2008）。Swi6 是一个 APSES 类的转录因子，参与调控生长、发育及致病性过程。SWI6 缺失后菌丝生长变慢、分生孢子和附着胞形态异常、附着胞膨压下降，这些最终导致 Δswi6 敲除体致病力显著下降（Qi et al.，2012）。

（3）稻瘟病菌 Osm1 MAPK 信号途径　在稻瘟菌中鉴定到另一个编码 MAPK 的基因 OSM1，它与酵母中参与调节细胞膨压的 HOG1（High-Osmolarity Glycerol）同源（Dixon et al.，1999）。

Δ*osm1* 突变体对渗透胁迫敏感，在高渗条件下生长存在缺陷；Δ*osm1* 突变体菌丝中阿拉伯糖醇的积累量显著下降，很奇怪的是突变体附着胞中甘油的积累及膨压的产生均没有受到影响，能与野生型一样侵入寄主组织。这些结果表明在高渗胁迫和附着胞介导的侵染过程中有独立的信号转导途径来调节细胞内的膨压。

在许多病原真菌中，渗透调节途径也涉及对氧化胁迫的响应以及对一些杀菌剂的抗性（Hamel et al.，2012）。一般来讲，渗透调节途径被阻断的突变体对氧化胁迫会更敏感、对杀菌剂的耐药性更强。Atf1 是一个 bZIP 转录因子，作用在 Osm1 的下游，*ATF1* 与裂殖酵母中参与调节氧化胁迫的 *ATF/CREB* 同源。Δ*atf1* 突变体菌丝的营养生长延迟、对过氧化氢敏感；突变体中胞外酶的活性及漆酶和过氧化物酶的转录水平显著下降，并且致病力也显著下降；外加活性氧清除物如 DPI 可恢复突变体在侵染菌丝扩展上的缺陷（Guo et al.，2010）。

1.3.3　稻瘟病菌 Ca^{2+} 信号途径

Ca^{2+} 作为第二信使，在病原真菌侵染寄主过程中发挥很重要的作用。磷脂酶 C（PLC）水解磷脂酰肌醇-4,5-二磷酸（PIP2），产生二酰甘油（DAG）和 1,4,5-三磷酸肌醇（IP3）。DAG 激活蛋白激酶 C（PKC）IP3 促使储存在细胞内钙库中的 Ca^{2+} 释放出来，然后 Ca^{2+} 直接激活钙调蛋白（Calmodulin）和其他 Ca^{2+} 依赖的蛋白激酶。在稻瘟病菌中外加 DAG 可诱导稻瘟菌在非诱导表面形成附着胞（Thines et al.，1997）。稻瘟病菌基因组中有 42 个基因与 Ca^{2+} 信号途径有关，包括 3 个离子通道蛋白、12 个 Ca^{2+}/cation-ATP 酶、6 个交换蛋白、4 个磷脂酶 C、1 个钙调素蛋白和 21 个 Ca^{2+}/钙调蛋白调节蛋白（Zelter et al.，2004）。稻瘟病菌中与侵染相关的几条重要信号途径见图 1.8。

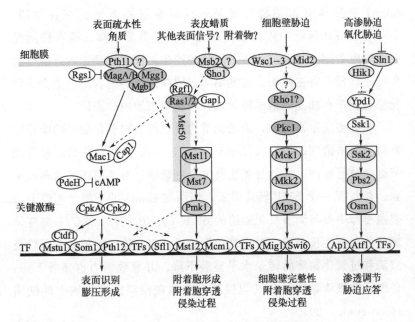

图 1.8 稻瘟病菌中与侵染相关的几条重要信号途径

(Li et al., 2012)

稻瘟病菌中存在 5 个磷酸酯酶基因，分别是 *MoPLC1-MoPLC5*。*MoPLC1* 敲除体附着胞形成受阻、致病力下降、能抑制钙离子通道的功能，表明 *MoPLC1* 是钙离子通道的调节因子 (Rho et al., 2009)。Choi 等鉴定了 *MoPLC2* 和 *MoPLC3*，只有这两个基因中存在依赖于 Ca^{2+} 膜结合的 C2 domain；此外这两个基因的敲除体产孢量下降、附着胞穿透寄主表皮的能力降低 (Choi et al., 2011)。*MCNA* 编码钙调磷酸酶的催化亚基，表达 *MCNA* 的正义/反义 RNA 的转化子表现出菌丝生长变慢、产孢量下降、附着胞形成率降低和致病力下降 (Choi et al., 2009a)。作用在 Ca^{2+} 信号途径下游的转录因子 Crz1 也得到鉴定，Crz1 以依赖于 Ca^{2+}/钙调蛋白的方式定位于细胞核，是依赖钙调蛋白转录诱导 *FKS1* (β-1,3 葡聚糖合成酶)、*CHS2* 和 *CHS4* (几丁质合成酶)、

PMC 和 *PMR*（P-type ATP 酶）所必需的（Zhang et al.，2009；Choi et al.，2009b）。*CMK1* 编码依赖于 Ca^{2+}/calmodulin 的激酶，*CMK1* 缺失后突变体形成的气生菌丝稀疏，产孢量下降，分生孢子和附着胞形成延迟，致病力显著下降（Liu et al.，2010）。

1.4 研究目的与意义

水稻作为世界上重要的粮食作物，保障其生产安全具有十分重要的经济意义。而由稻瘟病菌（有性态 *Magnaporthe oryzae*，无性态 *Pyricularia oryzae*）引起的稻瘟病是危害水稻生产最严重的病害之一，在水稻的整个生长期都可发生。因此，研究其致病机理以及有效地控制稻瘟病的发生具有重要意义。

本文通过构建 ATMT 突变体库鉴定到了一个编码过氧化物酶体 Peroxin 1（Pex1）的蛋白 MoPex1，Δ*Mopex1* 突变体致病性丧失，并且在菌丝营养生长、分生孢子产生和附着胞的形成上存在缺陷；酵母双杂实验发现 MoPex1 与 MoPex6 存在直接的蛋白互作。表明 *MoPEX1* 对过氧化物酶体发挥功能中起重要作用，是稻瘟病菌侵染相关形态发生和致病性所必需的。

通过点缺失和点突变发现 MoSom1 第 227 位 S 突变为 V 和 Y 后突变体对大麦丧失致病性。在本研究中，作者通过对 Δ*Mosom1*/*MoSOM1*^{S227V} 和 Δ*Mosom1*/*MoSOM1*^{S227Y} 菌株的表型分析发现：Δ*Mosom1*/*MoSOM1*^{S227V} 和 Δ*Mosom1*/*MoSOM1*^{S227Y} 对完整的和划伤的大麦和水稻叶片均丧失致病性，表明 MoSom1 第 227 位丝氨酸残基的磷酸化对稻瘟病菌的致病性是至关重要的。

此外，还鉴定到了一个编码 2 型糖基转移酶的蛋白 MoGt2，*MoGT2* 缺失突变体对大麦和水稻的致病性完全丧失，并在菌丝生长、分生孢子产生、菌落疏水性方面均存在缺陷；点突变分析结果发现 DxD 和 QxxRW 基序是 MoGt2 发挥正常功能所必需的。这些结果表明糖基转移酶蛋白 MoGt2 是稻瘟病菌侵染相关形态发生和致病性所必需的。

上述研究对进一步阐明稻瘟病菌的致病分子机理具有重要意义，同时可为新型杀菌剂的研发和病害有效控制提供一定的理论依据。

参考文献

[1] Adachi K & Hamer J E. Divergent cAMP signaling pathways regulate growth and pathogenesis in the rice blast fungus *Magnaporthe grisea*. *Plant Cell*, 1998, 10: 1361-1373.

[2] Bardwell L, Cook J G, Voora D, et al. Repression of yeast Ste12 transcription factor by direct binding of unphosphorylated Kss1 MAPK and its regulation by the Ste7 MEK. *Genes Dev*, 1998a, 12: 2887-2898.

[3] Bardwell L, Cook J G, Zhu-Shimoni J X, et al. Differential regulation of transcription: repression by unactivated mitogenactivated protein kinase Kss1 requires the Dig1 and Dig2 proteins. *Proc Natl Acad Sci USA*, 1998b, 95: 15400-15405.

[4] Birschmann I, Rosenkranz K, Erdmann R & Kunau W H. Structural and functional analysis of the interaction of the AAA-peroxins Pex1p and Pex6p. *FEBS J*, 2005, 272: 47-58.

[5] Cao F, Lane S, Raniga P P, Lu Y, et al. The Flo8 transcription factor is essential for hyphal development and virulence in *Candida albicans*. *Mol Biol Cell*, 2006, 17: 295-307.

[6] Choi W & Dean R A. The adenylate cyclase gene *MAC1* of *Magnaporthe grisea* controls appressorium formation and other aspects of growth and development. *Plant Cell*, 1997, 9: 1973-1983.

[7] Choi J, Kim Y, Kim S, et al. *MoCRZ1*, a gene encoding a calcineurin-responsive transcription factor, regulates fungal growth and pathogenicity of *Magnaporthe oryzae*. *Fungal Genet Biol*, 2009a, 46: 243-254.

[8] Choi J H, Kim Y & Lee Y H. Functional analysis of *MCNA*, a gene encoding a catalytic subunit of calcineurin, in the rice blast fungus *Magnaporthe oryzae*. *J Microbiol Biotechnol*, 2009b, 19: 11-16.

[9] Choi J, Kim K S, Rho H S & Lee Y H. Differential roles of the phospholipase C genes in fungal development and pathogenicity of *Magnaporthe oryzae*. *Fungal Genet Biol*, 2011, 48: 445-455.

[10] Collins C S, Kalish J E, Morrell J C, et al. The peroxisome biogenesis

factors Pex4p, Pex22p, Pex1p, and Pex6p act in the terminal steps of peroxisomal matrix protein import. *Mol Cell Biol*, 2000, 20: 7516-7526.

[11] Cook J G, Bardwell L, Kron S J & Thorner J. Two novel targets of the MAP kinase Kss1 are negative regulators of invasive growth in the yeast *Saccharomyces cerevisiae. Genes Dev*, 1996, 10: 2831-2848.

[12] Cook J G, Bardwell L & Thorner J. Inhibitory and activating functions for MAPK Kss1 in the *S. cerevisiae* filamentous-growth signaling pathway. *Nature*, 1997, 390: 85-88.

[13] Cullen P J, Sabbagh W, Graham E, et al. A signaling mucin at the head of the Cdc42-and MAPK-dependent filamentous growth pathway in yeast. *Genes Dev*, 2004, 18: 1695-1708.

[14] Cullen P J & Sprague G F. Glucose depletion causes haploid invasive growth in yeast. *Proc Natl Acad Sci USA*, 2000, 97: 13619-13624.

[15] Chumley F G & Valent B. Genetic analysis of melanin-deficient, non-pathogenic mutants of *Magnaporthe grisea. Mol Plant Microbe Interact*, 1990, 3: 135-143.

[16] de Jong J C, McCormack B J, Smirnoff N & Talbot N J. Glycerol generates turgor in rice blast. *Nature*, 1997, 389: 244-244.

[17] Dean R A, Talbot N J, Ebbole D J, et al. The genome sequence of the rice blast fungus *Magnaporthe grisea. Nature*, 2005, 434: 980-986.

[18] DeZwaan T M, Carroll A M, Valent B & Sweigard J A. *Magnaporthe grisea* pth11p is a novel plasma membrane protein that mediates appressorium differentiation in response to inductive substrate cues. *Plant Cell*, 1999, 11: 2013-2030.

[19] Diestelkötter P & Just W W. In vitro insertion of the 22-kD peroxisomal membrane protein into isolated rat liver peroxisomes. *J Cell Biol*, 1993, 123: 1717-1725.

[20] Dixon K P, Xu J R, Smirnoff N & Talbot N J. Independent signaling pathways regulate cellular turgor during hyperosmotic stress and appressorium-mediated plant infection by *Magnaporthe grisea. Plant Cell*, 1999, 11: 2045-2058.

[21] Dohlman H G. G proteins and pheromone signaling. *Annu Rev Physiol*, 2002, 64: 129-152.

[22] Faber K N, Heyman J A & Subramani S. Two AAA family peroxins, PpPex1p and PpPex6p, interact with each other in an ATP-dependent manner and are associated with different subcellular membranous structures distinct from peroxisomes. *Mol Cell Biol*, 1998, 18: 936-943.

[23] Fang E G & Dean R A. Site-directed mutagenesis of the *magB* gene af-

fects growth and development in *Magnaporthe grisea*. *Mol Plant Microbe Interact*, 2000, 13: 1214-1227.

[24] Fujiki Y. Peroxisome biogenesis and peroxisome biogenesis disorders. *FEBS Lett*, 2000, 476, 42-46.

[25] Fujikawa T, Kuga Y, Yano S, et al. Dynamics of cell wall components of *Magnaporthe grisea* during infectious structure development. *Mol Microbiol*, 2009, 73: 553-570.

[26] Gilbert R D, Johnson A M & Dean R A. Chemical signals responsible for appressorium formation in the rice blast fungus *Magnaporthe grisea*. *Physiol Mol Plant P*, 1996, 48: 335-346.

[27] Gimeno C J, Ljungdahl P O, Styles C A & Fink G R. Unipolar cell divisions in the yeast *S. cerevisiae* lead to filamentous growth: regulation by starvation and RAS. *Cell*, 1992, 68: 1077-1090.

[28] Guo M, Guo W, Chen Y, et al. The basic leucine zipper transcription factor Moatf1 mediates oxidative stress responses and is necessary for full virulence of the rice blast fungus *Magnaporthe oryzae*. *Mol Plant Microbe Interact*, 2010, 23: 1053-1068.

[29] Gustin M C, Albertyn J, Alexander M & Davenport K. MAP kinase pathways in the yeast *Saccharomyces cerevisiae*. *Microbiol Mol Biol R*, 1998, 62: 1264-1300.

[30] Hamel L P, Nicole M C, Duplessis S & Ellis B E. Mitogen-activated protein kinase signaling in plant-interacting fungi: distinct messages from conserved messengers. *Plant Cell*, 2012, 24: 1327-1351.

[31] Hamer J E, Valent B & Chumley F G. Mutations at the *SMO* locus affect the shape of diverse cell types in the rice blast fungus. *Genetics*, 1989, 122: 351-361.

[32] Hettema E H, Distel B & Tabak H F. Import of proteins into peroxisomes. *Biochim Biophys Acta*, 1999, 1451: 17-34.

[33] Heyman J A, Monosov E & Subramani S. Role of the *PAS1* gene of *Pichia pastoris* in peroxisome biogenesis. *J Cell Biol*, 1994, 127: 1259-1273.

[34] Howard R J, Ferrari M A, Roach D H & Money N P. Penetration of hard subtrates by a fungus employing enormous turgor pressures. *Proc Natl Acd Sci USA*, 1991, 88: 11281-11284.

[35] Howard R J & Valent B. Breaking and entering-host penetration by the fungal rice blast pathogen *Magnaporthe grisea*. *Annu Rev Microbiol*, 1996, 50: 491-512.

[36] Imanaka T, Shiina Y, Takano T, et al. Insertion of the 70 kDa peroxisomal membrane protein into peroxisomal membranes in vivo and in

vitro. *J Biol Chem*, 1996, 271: 3706-3713.

[37] Jeon J, Goh J, Yoo S, et al. A putative MAP Kinase Kinase Kinase, *MCK1*, is required for cell wall integrity and pathogenicity of the rice blast fungus, *Magnaporthe oryzae. Mol Plant Microbe Interact*, 2008, 21: 525-534.

[38] Just W W & Diestelkötter P. Protein insertion into the peroxisomal membrane. *Ann NY Acad Sci*, 1996, 804: 60-75.

[39] Kankanala P, Czymmek K & Valent B. Roles for rice membrane dynamics and plasmodesmata during biotrophic invasion by the blast fungus. *Plant Cell*, 2007, 19: 706-724.

[40] Kiel J A, Hilbrands R E, Van der Klei I J, et al. *Hansenula polymorpha* Pex1p and Pex6p are peroxisome-associated AAA proteins that functionally and physically interact. *Yeast*, 1999, 15: 1059-1078.

[41] Kim C, Vigil D, Anand G & Taylor S S. Structure and dynamics of PKA signaling proteins. *Eur J Cell Biol*, 2006, 85: 651-654.

[42] Kim S, Ahn I P, Rho H S & Lee Y H. *MHP1*, a *Magnaporthe grisea* hydrophobin gene, is required for fungal development and plant colonization. *Mol Microbiol*, 2005, 57: 1224-1237.

[43] Kim S, Park S Y, Kim K S, et al. Homeobox transcription factors are required for conidiation and appressorium development in the rice blast fungus *Magnaporthe oryzae. PLoS Genet*, 2009, 5: e1000757.

[44] Krause T, Kunau WH & Erdmann R. Effect of site-directed mutagenesis of conserved lysine residues upon Pas1 protein function in peroxisome biogenesis. *Yeast*, 1994, 10: 1613-1620.

[45] Kronstad J W. Virulence and cAMP in smuts, blast and blights. *Trends Plant Sci*, 1997, 2: 193-199.

[46] Lau G W & Hamer J E. Acropetal: A genetic locus required for conidiophore architecture and pathogenicity in the rice blast fungus. *Fungal Genet Biol*, 1998, 24: 228-239.

[47] Lee B N & Adams T H. The *Aspergillus nidulans* fluG Gene is required for production of an extracellular developmental signal and is related to prokaryotic glutamine synthetase. *Gene Dev*, 1994, 8: 641-651.

[48] Lee Y H & Dean R A. cAMP regulates infection structure formation in the plant pathogenic fungus *Magnaporthe grisea. Plant Cell*, 1993, 5: 693-700.

[49] Li Y, Liang S, Yan X, Wang H, et al. Characterization of MoLDB1 required for vegetative growth, infection-related morphogenesis, and pathogenicity in the rice blast fungus *Magnaporthe oryzae. Mol Plant Microbe Interact*, 2010, 23: 1260-1274.

[50] Li Y, Yan X, Wang H, et al. MoRic8 is a novel component of G-protein signaling during plant infection by the rice blast fungus *Magnaporthe oryzae. Mol Plant Microbe Interact*, 2010, 23: 317-331.

[51] Li G T, Zhou X, Kong L, et al. MoSfl1 is important for virulence and heat tolerance in *Magnaporthe oryzae. PLoS One*, 2011, 6: e19951.

[52] Li G T, Zhou X Y & Xu J R. Genetic control of infection-related development in *Magnaporthe oryzae. Curr Opin Microbiol*, 2012, 15: 1-7.

[53] Liang S, Wang Z Y, Liu P J & Li D B. A Gγ subunit promoter T-DNA insertion mutant-A1-412 of *Magnaporthe grisea* is defective in appressorium formation, penetration and pathogenicity. *Chinese Sc Bull*, 2006, 51: 2214-2218.

[54] Lin C J, Sasse C, Gerke J, et al. Transcription factor SomA is required for adhesion, development and virulence of the human pathogen *Aspergillus fumigates. PLoS Pathog*, 2015, 10: e1005205.

[55] Liu H, Suresh A, Willard F S, et al. Rgs1 regulates multiple Galpha subunits in *Magnaporthe pathogenesis*, asexual growth and thigmotropism. *EMBO J*, 2007, 26: 690-700.

[56] Liu H, Styles C A & Fink G R. *Saccharomyces cerevisiae* S288C has a mutation in *FLO8*, a gene required for filamentous growth. *Genetics*, 1996, 144: 967-978.

[57] Liu W, Xie S, Zhao X, et al. A homeobox gene is essential for conidiogenesis of the rice blast fungus *Magnaporthe oryzae. Mol Plant Microbe Interact*, 2010, 23: 366-375.

[58] Liu W, Zhou X, Li G, et al. Multiple plant surface signals are sensed by different mechanisms in the rice blast fungus for appressorium formation. *PLoS Pathog*, 2011, 7: e1001261.

[59] Liu S & Dean R A. G protein alpha subunit genes control growth, development, and pathogenicity of *Magnaporthe grisea. Mol Plant Microbe Interact*, 1997, 10: 1075-1086.

[60] Liu X H, Lu J P, Dong B, et al. Disruption of *MoCMK1*, encoding a putative calcium/calmodulin-dependent kinase, in *Magnaporthe oryzae. Microbiol Res*, 2010, 165: 402-410.

[61] Livak K J & Schmittgen T D. Analysis of relative gene expression data using real-time quantitive PCR and the $2^{-\Delta\Delta CT}$ method. *Methods*, 2001, 25: 402-408.

[62] Lundqvist T, Rice J, Hodge C N, et al. Crystal structure of scytalone dehydratase-a disease determinant of the rice pathogen, *Magnaporthe grisea. Structure*, 1994, 2: 937-944.

[63] Madhani H D, Styles C A & Fink G R. MAP kinases with distinct in-

hibitory functions impart signaling specificity during yeast differentiation. *Cell*, 1997, 91: 673-684.

[64] Mehrabi R, Ding S & Xu J R. MADS-box transcription factor Mig1 is required for infectious growth in *Magnaporthe grisea*. *Eukaryot Cell*, 2008, 7: 791-799.

[65] Mitchell T K & Dean R A. The cAMP-dependent protein kinase catalytic subunit is required for appressorium formation and pathogenesis by the rice blast pathogen *Magnaporthe grisea*. *Plant Cell*, 1995, 7: 1869-1878.

[66] Mochly-Rosen D. Localization of protein kinases by anchoring proteins: a theme in signal transduction. *Science*, 1995, 268: 247-251.

[67] Money N P & Howard R J. Confirmation of a link between fungal pigmentation, turgor pressure, and pathogenicity using a new method of turgor measurement. *Fungal Genet Biol*, 1996, 20: 217-227.

[68] Nishimura M, Hayashi N, Jwa N S, et al. Insertion of the LINE retrotransposon *MGL* causes a conidiophore pattern mutation in *Magnaporthe grisea*. *Mol Plant Microbe Interact*, 2000, 13: 892-894.

[69] Nishimura M, Park G & Xu J R. The G-beta subunit Mgb1 is involved in regulating multiple steps of infection-related morphogenesis in *Magnaporthe grisea*. *Mol Microbiol*, 2003, 50: 231-243.

[70] Nishimura M, Fukada J, Moriwaki A, et al. Mstu1, an APSES transcription factor, is required for appressorium-mediated infection in *Magnaporthe grisea*. *Biosci Biotechnol Biochem*, 2009, 73: 1779-1786.

[71] Odenbach D, Breth B, Thines E, et al. The transcription factor Con7p is a central regulator of infection-related morphogenesis in the rice blast fungus *Magnaporthe grisea*. *Mol Microbiol*, 2007, 64: 293-307.

[72] Pan X & Heitman J. Cyclic AMP-dependent protein kinase regulates pseudohyphal differentiation in *Saccharomyces cerevisiae*. *Mol Cell Biol*, 1999, 19: 4874-4887.

[73] Park G, Kenneth S B, Christopher J S, et al. Independent genetic mechanisms mediate turgor generation and penetration peg formation during plant infection in the rice blast fungus. *Mol Microbiol*, 2004, 53: 1695-1707.

[74] Park G, Xue C, Zhao X, Kim Y, et al. Multiple upstream signals converge on the adaptor protein Mst50 in *Magnaporthe grisea*. *Plant Cell*, 2006, 18: 2822-2835.

[75] Park G, Xue C, Zheng L, Lam S & Xu J R. *MST12* regulates infectious growth but not appressorium formation in the rice blast fungus *Magnaporthe grisea*. *Mol Plant Microbe Interact*, 2002, 15: 183-192.

[76] Platta H W, Grunau S, Rosenkranz K, Girzalsky W & Erdmann R. Functional role of the AAA peroxins in dislocation of the cycling *PTS1* receptor back to the cytosol. *Nat Cell Biol*, 2005, 7: 817-822.

[77] Qi Z, Wang Q, Dou X, Wang W, et al. MoSwi6, an APSES family transcription factor, interacts with MoMps1 and is required for hyphal and conidial morphogenesis, appressorial function and pathogenicity of *Magnaporthe oryzae*. *Mol Plant Pathol*, 2012, 13: 677-689.

[78] Ramanujam R & Naqvi N I. PdeH, a high-affinity cAMP phosphodiesterase, is a key regulator of asexual and pathogenic differentiation in *Magnaporthe oryzae*. *PLoS Pathog*, 2010, 6: e1000897.

[79] Rho H S, Jeon J & Lee Y H. Phospholipase C-mediated calcium signalling is required for fungal development and pathogenicity in *Magnaporthe oryzae*. *Mol Plant Pathol*, 2009, 10: 337-346.

[80] Robertson L S & Fink G R. The three yeast A kinases have specific signaling functions in pseudohyphal growth. *Proc Natl Acad Sci USA*, 1998, 95: 13783-13787.

[81] Ryan O, Shapiro R S, Kurat C F, et al. Global gene deletion analysis exploring yeast filamentous growth. *Science*, 2012, 337: 1353-1356.

[82] Sambrook J, Fritsch E F & Maniatis T. Molecular Cloning: A Laboratory Manual. Cold Spring Harbor, NY: Cold Spring Harbor Laboratory Press, 1989

[83] Shapiro R S, Ryan O, Boone C & Cowen L E. Regulatory circuitry governing morphogenesis in *Saccharomyces cerevisiae* and *Candida albicans*. *Cell Cycle*, 2012, 11: 4294-4295.

[84] Shi Z & Leung H. Genetic analysis and rapid mapping of a sporulation mutation in *Magnaporthe grisea*. *Mol Plant Microbe Interact*, 1994, 7: 113-120.

[85] Shi ZX & Leung H. Genetic analysis of sporulation in *Magnaporthe grisea* by chemical and insertional mutagenesis. *Mol Plant Microbe Interact*, 1995, 8: 949-959.

[86] Skamnioti P & Gurr S J. *Magnaporthe grisea* cutinase 2 mediates appressorium differentiation and host penetration and is required for full virulence. *Plant Cell*, 2007, 19: 2674-2689.

[87] Solomon P S, Lee R C, Wilson T J & Oliver R P. Pathogenicity of *Stagonospora nodorum* requires malate synthase. *Mol Microbiol*, 2004, 53: 1065-1073.

[88] Soundararajan S, Jedd G, Li X, et al. Woronin body function in *Magnaporthe grisea* is essential for efficient pathogenesis and for survival during nitrogen starvation stress. *Plant Cell*, 2004, 16: 1564-1574.

[89] Talbot N J, Ebbole D J & Hamer J E. Identification and characterization of *MPG1*, a gene involved in pathogenicity from the rice blast fungus *Magnaporthe grisea*. *Plant Cell*, 1993, 5: 1575-1590.

[90] Talbot N J, Kershaw M J, Wakley G E, et al. *MPG1* encodes a fungal hydrophobin involved in surface interactions during infection-related development of *Magnaporthe grisea*. *Plant Cell*, 1996, 8: 985-999.

[91] Talbot N J. On the trail of a cereal killer: Exploring the biology of *Magnaporthe grisea*. *Annu Rev Microbiol*, 2003, 57: 177-202.

[92] Tamura S, Shimozawa N, Suzuki Y, et al. A cytoplasmic AAA family peroxin, Pex1p, interacts with Pex6p. *Biochem Bioph Res Co*, 1998, 245: 883-886.

[93] Taylor S S, Kim C, Vigil D, et al. Dynamics of signaling by PKA. *Biochim Biophys Acta*, 2005, 1754: 25-37.

[94] Thines E, Eilbert F, Sterner O & Anke H. Signal transduction leading to appressorium formation in germinating conidia of *Magnaporthe grisea*: Effects of second messengers diacylglycerols, ceramindes and sphingomyelin. *FEMS Lett*, 1997, 156: 91-94.

[95] Toda T, Cameron S, Sass P, et al. Three different genes in *S. cerevisiae* encode the catalytic subunits of the cAMP-dependent protein kinase. *Cell*, 1987, 50: 277-287.

[96] Valent B. Rice blast as a model system for plant pathology. *Phytopathology*, 1990, 80: 33-36.

[97] Vidal-cros A, Viviani F, Labesse G, et al. Polyhydroxynaphthalene reductase involved in melanin biosynthesis in *Magnaporthe grisea*. *FEBS J*, 1994, 219: 985-992.

[98] Wang J Y, Wu X Y, Zhang Z, et al. Fluorescent co-localization of PTS1 and PTS2 and its application in analysis of the gene function and the peroxisomal dynamic in *Magnaporthe oryzae*. *J Zhejiang Univ Sci B*, 2008, 9: 802-810.

[99] Weber R W, Wakley G E & Pitt D. Histochemical and ultrastructural characterization of vacuoles and spherosomes as components of the lytic system in hyphae of the fungus *Botrytis cinerea*. *Histochem J*, 1999, 31: 293-301.

[100] Xiao J Z, Watanabe T, Kamakura T, et al. Studies on cellular-differentiation of *Magnaporthe grisea*-Physicochemical Aspects of Substratum Surfaces in Relation to Appressorium Formation. *Physiol Mol Plant P*, 1994, 44: 227-236.

[101] Xu J R & Hamer J E. MAP kinase and cAMP signaling regulate infection structure formation and pathogenic growth in the rice blast fungus

Magnaporthe grisea. Genes Dev, 1996, 10: 2696-2706.

[102] Xu J R, Urban M, Sweigard J A & Hamer J E. The *CPKA* gene of *Magnaporthe grisea* is essential for appressorial penetration. *Mol Plant Microbe Interact*, 1997, 10: 187-194.

[103] Xu J R, Peng Y L, Dickman M B & Sharon A. The dawn of fungal pathogen genomics. *Annu Rev Phytopathol*, 2006, 44: 337-366.

[104] Xu J R, Staiger C J & Hamer J E. Inactivation of the mitogen-activated protein kinase Mps1 from the rice blast fungus prevents penetration of host cells but allows activation of plant defense responses. *Proc Natl Acad Sci USA*, 1998, 95: 12713-12718.

[105] Xu J R, Zhao X & Dean R A. From Genes to Genomes: A new paradigm for studying fungal pathogenesis in *Magnaporthe oryzae. Advances in Genetics*, 2007, 57: 175-218.

[106] Xue C, Park G, Choi W, et al. Two novel fungal virulence genes specifically expressed in appressoria of the rice blast fungus. *Plant Cell*, 2002, 14: 2107-2119.

[107] Yan X, Li Y, Yue X F, et al. Two novel transcriptional regulators are essential for infection-related morphogenesis and pathogenicity of the rice blast fungus *Magnaporthe oryzae. PLoS Pathog*, 2011, 7: e1002385.

[108] Yang J, Zhao X, Sun J, et al. A novel protein Com1 is required for normal conidium morphology and full virulence in *Magnaporthe oryzae*. *Mol Plant Microbe Interact*, 2010, 23: 112-123.

[109] Yue X F, Que Y W, Xu L, et al. *ZNF1* encodes a putative C2H2 zinc finger protein essential for appressorium differentiation by the rice blast fungus *Magnaporthe oryzae*, 2016, *Mol Plant Microbe Interact*. 29, 22-35.

[110] Zhang H F, Liu K Y, Zhang X, et al. Two Phosphodiesterase genes, *PDEL* and *PDEH*, regulate development and pathogenicity by modulating intracellular cyclic AMP levels in *Magnaporthe oryzae. PloS One*, 2011a, 6: e17241.

[111] Zhang HF, Xue C, Kong L, Li G & Xu JR. (2011b) A Pmk1-interacting gene is involved in appressorium differentiation and plant infection in *Magnaporthe oryzae. Eukaryot Cell*. 10, 1062-1070.

[112] Zhang H F, Tang W, Liu K Y, et al. Eight *RGS* and *RGS*-like proteins orchestrate growth, differentiation, and pathogenicity of *Magnaporthe oryzae. PLoS Pathog*, 2011c, 7: e1002450.

[113] Zhang H F, Zhao Q, Liu K Y, et al. *MgCRZ1*, a transcription factor of *Magnaporthe grisea*, controls growth, development and is involved in full virulence. *FEMS Microbiol Lett*, 2009, 293: 160-169.

[114] Zhao X，Kim Y，Park G & Xu J R. A mitogen-activated protein kinase cascade regulating infection-related morphogenesis in *Magnaporthe grisea*. *Plant Cell*，2005，17：1317-1329.

[115] Zhao X H & Xu J R. A highly conserved MAPK-docking site in Mst7 is essential for Pmk1 activation in *Magnaporthe grisea*. *Mol Microbiol*，2007，63：881-894.

[116] Zelter A，Bencina M，Bowman B J，et al. A comparative genomic analysis of the calcium signaling machinery in *Neurospora crassa*，*Magnaporthe grisea*，and *Saccharomyces cerevisiae*. *Fungal Genet Biol*，2004，41：827-841.

[117] Zhou X，Liu W，Wang C，et al. A MADS-box transcription factor MoMcm1 is required for male fertility，microconidium production and virulence in *Magnaporthe oryzae*. *Mol Microbiol*，2011，80：33-53.

[118] Zhou X，Zhang H，Li G，et al. The cyclase-associated protein Cap1 is important for proper regulation of infection-related morphogenesis in *Magnaporthe oryzae*. *PloS Pathog*，2012，8：e1002911.

[119] Zhou X，Zhao X，Xue C，et al. Bypassing both surface attachment and surface recognition requirements for appressorium formation by overactive ras signaling in *Magnaporthe oryzae*. *Mol Plant Microbe Interact*，2014，27：996-1004.

[120] Zhou Z Z，Li G H，Lin C H & He C Z. Conidiophore stalk-less1 encodes a putative Zinc-Finger protein involved in the early stage of conidiation and mycelial infection in *Magnaporthe oryzae*. *Mol Plant Microbe Interact*，2009，22：402-410.

[121] 孙国昌，杜新法，陶荣祥，等. 水稻稻瘟病防治研究进展和 21 世纪初研究设想. 植物保护，2000，26：33-35.

第二章

过氧化物酶体蛋白 MoPex1 调控稻瘟病菌致病性的分子机制研究

2.1 引言

　　过氧化物酶体几乎存在于所有的真核生物中，是一类单层膜、动态的细胞器，其数量、大小和蛋白组成会随外界环境的变化而变化。在真核细胞中，许多重要的代谢过程发生在过氧化物酶体中。例如，在酵母中过氧化物酶体是代谢甲醇和油酸酯等非发酵碳源所必需的（Hazeu et al.，1975；McCollum et al.，1993；Gould et al.，1992；Subramani，1993；Van Der Klei & Veenhuis，2006）；在植物中过氧化物酶体调节许多生理生化过程，包括乙醛酸循环、解毒和植物激素的合成等（Hu et al.，2012）；在人类细胞中，过氧化物酶体涉及缩醛磷脂、胆固醇和胆汁酸的合成（Nagan & Zoeller，2001；Biardi & Krisans，1996；Hajra & Bishop，1982；Krisans，1992；Wanders & Waterham，2006；Waterham & Ebberink，2012）。

　　过氧化物酶体是脂肪酸 β-氧化发生的重要场所（Poirier et al.，2006）。在哺乳动物中，脂肪酸 β 氧化不仅发生在过氧化物酶体中，也发生在线粒体中；而在酵母和植物中，脂肪酸 β-氧化只发生在过氧化物酶体中（Ecker & Erdmann，2003；Hiltunen et al.，2003；Van Roermund et al.，2003）。构巢曲霉中的脂肪酸 β 氧化存在于线粒体和过氧化物酶中（Maggio-Hall & Keller，2004）。脂质体是稻瘟菌分生孢子中重要的储存物质。先前的实验表明，脂滴从萌发的分生孢子中移动，在膨压形成初期降解之前被液泡吸收（Thines et al.，2000；Weber et al.，2001）。

　　过氧化物酶体包含两类蛋白质分子，即膜蛋白和基质蛋白，但不含 DNA 或独立的蛋白合成机构，所以这两类蛋白质都是由核基因编码，在胞质中游离核糖体上合成后定向运输到过氧化物酶体（Lazarow & Fujiki，1985；Titorenko & Rachubinski，2001）。许多整合膜蛋白是通过过氧化物酶体定位信号 mPTS1 直接从细胞质靶向过氧化物酶体，而有一些可能是通过过氧化物酶体定位信号 mPTS2 间接地通过内质网（ER）定位到过氧化物酶体（Titorenko & Rachubinski，2001）。然而，基质蛋白的输入是依赖于自身的定位信号（PTSs）。PTS 至少包含两种：PTS1 和 PTS2。PTS1 是位于 C 端的保守 3 肽（S/A/C-H/R/K-I/L/M），而 PTS2 大多位于 N 端或蛋白内部，由保守序列 R/K-L/V/I-X5-H/Q-L/A 组成（Subramani，1993；Subramani et al.，2000）。基质蛋白上的这些定位信号由胞质中的可溶性 PTS 受体识别，*PEX5* 和 *PEX7* 分别编码 PTS1 和 PTS2 受体（Titorenko & Rachubinski，2001）。

　　根据近年来的研究发现，在水稻和哺乳动物中，*PEX5* 通过不同剪切方式编码两种蛋白，即 Pex5L 与 Pex5S，Pex5S 仅参与PTS2 的转运，而 Pex5L 不但参与 PTS1 的转运，还可与 Pex7 互作，参与 PTS2 的转运（Braverman et al.，1998；Matsumura et al.，2000；Otera et al.，1998；Otera et al.，2000；Lee et al.，2003）。基质蛋白与受体特异性结合后，首先靶向 Pex14，与 Pex14 互作后，受体携带着基质蛋白再转移至对接复合体的其他组分上包括 Pex10、Pex12 和 Pex13。参与基质蛋白输入的 peroxin 还有 3 个锌指蛋白即 Pex2、Pex10 和 Pex12，这 3 个锌指蛋白和 peroxin 中仅有的 AAA 型 ATP 酶 Pex1 和 Pex6 可能也参与 PTS1

受体的循环利用（Gould & Valle，2000；Otera et al.，2000；
Chang et al.，1999）。

在酵母细胞中，Pex5 与 Pex7 对 PTS1 与 PTS2 的识别是相互
独立的，也就是说，Pex5 负责 PTS1 的识别，Pex7 负责 PTS2 的
识别（图 2.1b）。Pex14 参与基质蛋白的输入，但是 Pex14 与 Pex5
和 Pex7 并不直接互作（Albertini et al.，1997；Girzalsky et al.，
1999）。在酿酒酵母中，Pex18 和 Pex21 可能将携带有基质蛋白的
Pex7 运至过氧化物酶体胞质表面的对接位点后再返回到细胞质中
（Purdue et al.，1998）。

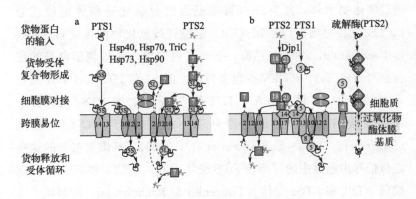

图 2.1　过氧化物酶体基质蛋白输入示意图

（Vladimir et al.，2001）

参与过氧化物酶体合成的蛋白统称为 peroxins，其编码的基因
写作 *PEX*（Distel et al.，1996）。目前为止，已鉴定出 32 个
PEX 基因（Van Der Klei & Veenhuis，2006），其中在酵母中鉴
定的 *PEX* 基因有 26 个。许多研究结果表明真菌中的过氧化物酶
体涉及植物侵染，Kimura 等首次报道了黄瓜炭疽病菌（*Colleto-
trichum lagenarium*）*PEX6* 基因是过氧化物酶体的功能和病菌的
毒性所必需的（Kimura et al.，2001）；同样，在稻瘟菌（*M. oryzae*）
中，Pex6 调节的过氧化物酶体生物合成也在附着胞介导的植物侵

染中起重要作用（Ramos-Pamplona & Naqvi，2006；Wang et al.，2007）。*MoPEX6* 基因缺失后，突变体产孢量显著下降，附着胞功能丧失，最终导致致病性丧失（Wang et al.，2007）。此外，与过氧化物酶体代谢相关的基因 *PTH2*、*MFP1* 和 *MLS1* 也得到了鉴定和分析（Ramos-Pamplona & Naqvi，2006；Bhambra et al.，2006；Wang et al.，2007；Asakura et al.，2006）。最近，有研究表明 *MoPEX5* 和 *MoPEX7* 都是稻瘟病菌致病的关键因子（Goh et al.，2011；Wang et al.，2012），*MoPEX19* 缺失后也导致过氧化物酶体功能缺陷进而丧失致病性（Li et al.，2014）。

在本研究中，我们通过构建 ATMT 突变体库鉴定到了一个编码过氧化物酶体 Peroxin 1（Pex1）的蛋白 MoPex1，*ΔMopex1* 突变体致病性丧失，并且在菌丝营养生长、分生孢子产生和附着胞的形成上存在缺陷；酵母双杂实验发现 MoPex1 与 MoPex6 存在直接的蛋白互作。表明 *MoPEX1* 在过氧化物酶体发挥功能中起重要作用，是稻瘟病菌侵染相关形态发生和致病性所必需的。

2.2　材料与方法

2.2.1　供试菌株

稻瘟病菌（*Magnaporthe oryzae*）野生型菌株 Guy11、有性生殖测试菌株 TH3、农杆菌菌株 AGL1、突变体菌株 *ΔcpkA* 由英国 Talbolt 实验室惠赠。

大肠杆菌菌株 DH5α 购买于 Transgen-杭州索莱尔博奥技术有限公司。

芽殖酵母（*Saccharomyces cerevisiae*）营养缺陷型菌株 AH109 购买于 Clontech 公司。

2.2.2　供试植物材料

水稻品种：感病水稻 Co39（Oryza sativa cv Co39）

大麦品种：感病大麦（cv. Golden promise）

洋葱：购自蔬菜市场

2.2.3　质粒载体

质粒 pKOV21 载体，由中国农业大学彭友良教授实验室惠赠。

质粒 pCB1532 载体、质粒 pCAMBIA 1300 载体由英国 Talbolt 教授实验室惠赠。

质粒 pTrpC1532 载体，由南京农业大学张正光教授实验室惠赠。

质粒 pRFP-PTS1、pGFP-PMP47 载体由浙江省农科院王教瑜研究员实验室惠赠。

3×flag 表达载体 HZ126 购买于 Clontech 公司。

克隆载体 pGEM-T-easy，购于 Promega 上海胜兆生物技术有限公司。

酵母双杂交载体 pGADT7、pGBKT7、pGBKT7-53 和 pG-BKT7-Lam 购买于 Clontech 公司。

2.2.4　筛选抗生素

细菌：氨苄青霉素（Ampicilline）购于上海生工生物，溶于 ddH_2O 中（100mg/ml）；卡那霉素（Kanamycin）购于上海生工生物，溶于 ddH_2O 中（50mg/ml）；头孢氨苄霉素（Cefotaxime）购于上海生工生物，溶于 ddH_2O 中（200mg/ml）；链霉素（Streptomycin）购于上海生工生物，溶于 ddH_2O 中（60mg/ml）。以上抗生素水溶液需 $0.22\mu m$ 过滤灭菌，$-20℃$ 保存。

真菌：潮霉素 B（Hygromycin）购于 Roche-杭州汉城生物技术有限公司，50mg/ml 瓶装液体试剂；新霉素 G418 硫酸盐购于美国 Amersco 公司；博来霉素购于 Invitrogen 公司；氯嘧磺隆（Chlorimuron-ethyl，50mg/ml DMF 溶液）－20℃保存。

2.2.5 分子生物学试剂

2.2.5.1 DNA 操作相关试剂与来源

试剂名称	购买公司
快速 PCR 扩增 2 Mix	杭州莱枫生物科技有限公司
LA taq 聚合酶	TaKaRa——宝生物工程（大连）有限公司
Phanta® 高保真 DNA 聚合酶	Vazyme
限制性内切酶	TaKaRa
ClonExpress Ⅱ 一步法克隆试剂盒	Vazyme
ClonExpress Multis 一步法克隆试剂盒	Vazyme
质粒提取试剂盒	杭州莱枫生物科技有限公司
胶回收试剂盒	杭州莱枫生物科技有限公司
地高辛 Southern 杂交试剂盒	Roche
实时荧光定量试剂盒	Promega
RNase A	杭州莱枫生物科技有限公司

2.2.5.2 RNA 操作相关试剂与来源

试剂名称	购买公司
PureLink RNA 微量提取试剂盒	Invitrogen
PrimeScript RT 反转录试剂盒	TaKaRa——宝生物工程（大连）有限公司

2.2.5.3　酵母双杂操作相关试剂与来源

试剂名称	购买公司
酵母转化试剂盒	Clontech
-Leu/-Trp 氨基酸混合物	Clontech
-Ade/-His/-Leu/-Trp 氨基酸混合物	Clontech
YNB/酵母氮源基础（不含氨基酸）	Solarbio
鲑鱼精 DNA	北京昌盛公司

2.2.6　培养基和试剂

2.2.6.1　培养基

（1）稻瘟病菌培养相关培养基

MM（1L）：

葡萄糖	10g
20×硝酸盐	50ml
1000×微量元素	1ml
1000×维生素溶液	1ml

10mol/L NaOH 调 pH 至 6.5。充分搅拌，加去离子水定容至 1L，高温高压灭菌。固体培养基含 1.5%琼脂。

其中 20×硝酸盐配方（1L）：

$NaNO_3$	120g
KCl	10.4g
$MgSO_4 \cdot 7H_2O$	10.4g
KH_2PO_4	30.4g

1000×微量元素配方（100ml）：

$ZnSO_4 \cdot 7H_2O$	2.2g

H_3BO_3	1.1g
$MnCl_2 \cdot 4H_2O$	0.5g
$FeSO_4 \cdot 7H_2O$	0.5g
$CoCl_2 \cdot 6H_2O$	0.17g
$CuSO_4 \cdot 5H_2O$	0.16g
$Na_2MoO_4 \cdot 5H_2O$	0.15g
Na_4EDTA	5g

1000×维生素溶液配方（100ml）

维生素 H	0.01g
维生素 B_6	0.01g
维生素 B_1	0.01g
维生素 B_2	0.01g
对氨基苯甲酸	0.01g
烟酸	0.01g

CM（1L）：

葡萄糖	10g
酵母提取物	1g
蛋白胨	2g
酪蛋白水解物	1g
20×硝酸盐	50ml
微量元素	1ml
维生素溶液	1ml

10mol/L NaOH 调 pH 至 6.5，高温高压灭菌，固体培养基含1.5%琼脂。

OCM（1L）：

蔗糖	200g
酵母提取物	1g
蛋白胨	2g

酪蛋白水解物	1g
20× 硝酸盐	50ml
微量元素	1ml
维生素溶液	1ml

10mol/L NaOH 调 pH 至 6.5，高温高压灭菌，固体培养基含 1.5%琼脂。

BDCM (1L)：

YNB/酵母氮源基础（不含氨基酸）	1.7g
L-天冬酰胺	1g
硝酸铵	2g
蔗糖	273.8g

1mol/L Na_2HPO_4 调 pH 至 6.0，高温高压灭菌，固体培养基含 1.5%琼脂。

BDCM-overlay (1L)：

YNB/酵母氮源基础（不含氨基酸）	1.7g
L-天冬酰胺	1g
硝酸铵	2g
葡萄糖	10g

1mol/L Na_2HPO_4 调 pH 至 6.0，高温高压灭菌，固体培养基含 1.5%琼脂。

OMA 燕麦培养基 (1L)： 称取 40g 燕麦片，置于盛有 800ml 水的锅中加热，待水沸腾后煮 30min，用纱布过滤取汁，加水定容至 1L，分装时加入 1.6%琼脂，高温高压灭菌。

（2）细菌培养相关培养基

LB 培养基 (1L)：

胰蛋白胨	10g
酵母提取物	5g
NaCl	5g

　　$10mol/L$ NaOH 调 pH 至 7.0

　　分别称取以上试剂于 800ml 的去离子水中，搅拌至完全溶解，加去离子水定容至 1L，高温高压灭菌。固体培养基含 1.5％琼脂。

（3）诱导农杆菌侵染的 AIM 培养基（1L）

$1.25mol/L$ 磷酸缓冲液（pH4.8）	0.8ml
（KH_2PO_4 和 K_2HPO_4，直至 pH 达到 4.8）	
MN-缓冲液（$30g/L$ $MgSO_4 \cdot 7H_2O$，$15g/L$ NaCl）	20ml
1％ $CaCl_2 \cdot 2H_2O$	1ml
$0.01g/100ml$ $FeSO_4$	10ml
50％甘油	10ml
Spore elements（$100mg/L$ $ZnSO_4 \cdot 7H_2O$，$100mg/L$ $CuSO_4 \cdot 5H_2O$，$100mg/L$ H_3BO_3，$100mg/L$ $Na_2MO_4 \cdot 2H_2O$，过滤除菌）	5ml
20％ NH_4NO_3	2.5ml
1M MES（$213g/L$ MES，pH5.5）	40ml
$20g/100ml$ 葡萄糖	10ml（液体培养基）/5ml（固体培养基）

（4）酵母培养相关培养基

YPD 培养基（1L）：

酵母提取物	10g
蛋白胨	20g
葡萄糖	20g

$10mol/L$ NaOH 调 pH 至 5.8。

SD/-Leu/-Trp 培养基（1L）：

YNB/酵母氮源基础（不含氨基酸）	6.7g

  -Leu/-Trp 氨基酸混合物   0.64g

  葡萄糖   20g

固体培养基添加 2% 的琼脂粉，10mol/L NaOH 调 pH 至 5.8。

SD/-Ade/-His/-Leu/-Trp 培养基（1L）：

  YNB/酵母氮源基础（不含氨基酸） 6.7g

  -Ade/-His/-Leu/-Trp 氨基酸混合物 0.60g

  葡萄糖   20g

固体培养基添加 2% 的琼脂粉，10mol/L NaOH 调 pH 至 5.8。

2.2.6.2 试剂配方

（1）稻瘟病菌的转化试剂

崩溃酶溶液：用 0.7mol/L NaCl 配制，0.22μm 过滤器过滤除菌。

0.7mol/L NaCl（1L）：40.908g NaCl；高温高压灭菌。

STC（1L）：分别称量 10ml 1.0mol/L Tris-Cl（pH7.5），218.604g 山梨醇，5.5495g $CaCl_2$ 溶于 800ml 去离子水中，定容至 1L，高温高压灭菌。

PTC（100ml）：60g 聚乙二醇 3350，10ml 1.0mol/L Tris-Cl（pH7.5），0.55g $CaCl_2$，高温高压灭菌。

（2）基因组 DNA 提取试剂

DEB（1L）：200mmol/L Tris-HCl（pH7.5），50mmol/L EDTA，200 Mmol/L NaCl，1% SDS。

  1mol/L Tris-HCl（pH7.5）   200ml

  0.5mol/L EDTA   100ml/20.8 g

  NaCl   11.688g

  SDS   10g

2×CTAB（1L）：分别称量 10ml 1.0mol/L Tris-Cl（pH8.0），40ml 0.5mol/L EDTA（pH8.0），81.8g NaCl 及 20g CTAB 溶于

800ml 去离子水中，定容至 1L，37℃过夜溶解；高温高压灭菌，室温保存。

70%乙醇：将无水乙醇和 ddH_2O 按 7:3 的体积比充分混匀。

（3）Southern blot 试剂

20×SSC（1L）：分别称取 175.3g NaCl、88.2g 柠檬酸三钠溶于 800ml 去离子水中，盐酸调 pH 至 7.0，加水将溶液定容至 1L。

变性液（1L）：分别称取 1.5mol/L NaCl（87.66g）、0.5mol/L NaOH（20g）于 800ml 去离子水中，搅拌均匀加水将溶液定容至 1L。

中和液（1L）：分别称取 0.5mol/L Tris-HCl pH7.0（60.57g）、1.5mol/L NaCl（87.66g）于 800ml 去离子水中，盐酸调 pH 至 7.0，加水将溶液定容至 1L。

马来酸缓冲液（1L）：0.1mol/L 马来酸（11.6g），0.15mol/L NaCl（8.766g），NaOH 固体调 pH 至 7.5。

洗脱缓冲液（1L）：马来酸缓冲液＋0.3% Tween20

封闭液（120ml）：108ml 马来酸缓冲液，12ml 10×封闭液（瓶 6）。

抗体液（20ml）：Ati-Digoxigenin-AP（瓶 4）在每次使用前以 10000r/min 原瓶中离心 5min。从表面小心吸取所需量，用封闭液工作液以 1:10000（75mU/ml）的比例稀释（20ml 封闭液，2μl Ati-Digoxigenin-AP）。

检测缓冲液（500ml）：100mmol/L Tris-HCl（6.05g）；100mmol/L NaCl（2.922g）；NaOH 固体调 pH 至 9.5。

10%SDS（50ml）：5g SDS 溶于 50ml 水中，细菌滤器过滤除菌。

2×SSC＋0.1% SDS（100ml）：10ml 20×SSC，1ml 10% SDS，89ml H_2O。

0.5×SSC＋0.1%SDS（100ml）：2.5ml 20×SSC，1ml 10%

SDS，98.5ml H_2O。

（4）接种试剂 0.025%吐温：25μl 吐温，加水定容至 100ml。

（5）其他试剂

0.5mol/L EDTA（pH8.0，1L）：186.1g Na_2EDTA · H_2O 溶于 800ml ddH_2O 后，用 NaOH 调节 pH 至 8.0（约 20g NaOH），定容至 1L，高温高压灭菌，室温保存。

50×TAE 缓冲液（1L）：242g Tris，37.2g Na_2EDTA · H_2O 溶于 800ml ddH_2O，加入 57.1ml CH_3COOH，搅拌均匀后，定容至 1L，室温保存；工作液需稀释 50 倍后使用。

2.2.7 实验方法

2.2.7.1 常规分子生物学实验方法

（1）PCR 技术

① 常规 PCR 反应

反应体系：

DNA 模板	1μl（10～200ng）
10μmol/L 引物 F	1μl
10μmol/L 引物 R	1μl
LA-Taq 聚合酶	0.5μl
5×缓冲液	10μl
dNTP 混合物	4μl
ddH_2O 至 50μl	

反应程序：

a. 94℃预变性	4min
b. 94℃变性	30s
c. 55～65℃退火	30s
d. 72℃延伸	1min/kb
e. 2～4 步循环	28～32 个循环

      f. 72℃总延伸   10min

不同的 DNA 聚合酶可根据说明书调整反应体系和反应程序。

② 大量快速 PCR 反应

      DNA 模板或细菌菌落 $1\mu l$

      $2\times$Mix $12.5\mu l$

      $10\mu mol/L$ 引物 F $0.5\mu l$

      $10\mu mol/L$ 引物 R $0.5\mu l$

      ddH_2O 至 $25\mu l$

反应程序同常规 PCR 反应。

③ Tail-PCR 反应

反应体系：

反应成分	预备反应体系 （20μl）	第1轮反应体系 （20μl）	第2轮反应体系 （30μl）
$2\times$Taq PCR 混合液	10μl	10μl	15μl
LAD(1～5)(10μmol/L)	0.5μl	—	—
R1	0.5μl	—	—
R2	—	0.5μl	—
R3	—	—	0.5μl
AC1	—	0.5μl	0.5μl
DNA 模板(50～100ng)	1μl	1μl 的预备反应 产物稀释 40 倍液	1μl 的第一轮反应 产物稀释 10 倍液
ddH_2O	8μl	8μl	13μl

反应程序：

反应	序号	反应条件	循环次数
预备轮反应	1	93℃ 2min 95℃ 1min	1
	2	94℃ 30s 55℃ 1min 72℃ 3min	10
	3	94℃ 3min 25℃ 2min 72℃ 2min 72℃ 3min	1
	4	94℃ 20s 60℃ 1min 72℃ 3min	25
	5	72℃ 5min(结束)	1

续表

反应	序号	反应条件	循环次数
第一轮反应	6	94℃ 2s 60℃ 1min 72℃ 3min 94℃ 20s 66℃ 1min 72℃ 3min 94℃ 20s 50℃ 1min 72℃ 3min	12
第二轮反应	7	72℃ 5min(结束)	1
	8	94℃ 20s 66℃ 1min 72℃ 3min 94℃ 20s 66℃ 1min 72℃ 3min 94℃ 20s 50℃ 1min 72℃ 3min	8
	9	72℃ 5min(结束)	1

(2) 限制性内切酶酶切

DNA 样品（≈2μg）	10μl
限制性内切酶	2μl
10×缓冲液	5μl
ddH$_2$O 至	50μl

37℃水浴 3~4h，若是快切酶可根据说明书调整酶切时间。

(3) 酶切片段的去磷酸化

酶切混合物	30μl
10×SAP 缓冲液	5μl
SAP（10U/μl，Promega）	2μl
ddH$_2$O 至	50μl

37℃水浴 1h 后，70℃ 30min。

(4) 连接反应（10μl）

PCR 产物	3μl
pGEM-T easy 载体（50ng）	1μl
2×快速连接缓冲液	5μl
T4 DNA 连接酶	1μl

4℃或 16℃反应过夜。

(5) **热激转化**

① 取出热激感受态细胞（DH5α），置于冰上，待其完全融化。

② 将热激感受态细胞加入到待转化的连接产物中，混合均匀后，冰上静置 30min。

③ 42℃水浴 45s，迅速冰浴 3min。

④ 加入 500μl LB 液体培养基，37℃、200r/min 摇培 30min～1h。

⑤ 在超净工作台内，将摇培好的菌液均匀涂布在含有筛选抗生素的 LB 平板上，37℃倒置培养 8～12h。

（6）质粒 DNA 提取　操作步骤按照 Axygen 质粒提取试剂盒进行：

① 取 1.5～2ml 菌液于 2ml 离心管中，12000r/min 离心 1min，集菌。

② 弃上清，加入 250μl 含 RnaseA 的缓冲液 P1，振荡器震荡，将菌体悬浮。

③ 加入 250μl 缓冲液 P2，温和颠倒混匀 3～5 次。

④ 加入 350μl 缓冲液 P3，温和颠倒混匀 4～6 次，稍静置后，12000r/min，室温离心 10min。

⑤ 小心吸取上清于吸附柱中，稍静置后，12000r/min，室温离心 1min。

⑥ 弃滤液，将吸附柱重新放于收集管中，加入 500μl W1（洗脱缓冲液 1），12000r/min 室温离心 1min。

⑦ 弃滤液，将吸附柱重新放于收集管中，加入 700μl W2（洗脱缓冲液 2），12000r/min 室温离心 1min。

⑧ 弃滤液，将吸附柱重新放于收集管中，12000r/min 室温空离 1min。

⑨ 将吸附柱放于新的 1.5ml 离心管中，向膜中央加入 50～100μl 65℃预热的 ddH$_2$O。室温静置 2min，12000r/min 室温离心 1min，弃吸附柱，−20℃保存。

（7）DNA 凝胶回收　操作步骤按照 Axygen 凝胶回收试剂盒

进行：

① 切取含目的 DNA 片段的凝胶置于 1.5ml 离心管中，称重。

② 加入 3 倍凝胶体积（凝胶体积换算：100mg＝100μl）的 DE-A，75℃或 65℃温育，间断混合。

③ 加入 0.5 个 DE-A 体积的 DE-B，混匀（当分离的 DNA 片段小于 400bp 时，需再加入一个凝胶体积的异丙醇）。

④ 将混合液转移至纯化柱中，室温静置 2min，12000r/min 离心 1min。

⑤ 可将混合液再次转入纯化柱中，12000r/min 离心 1min，重复收集以提高 DNA 的回收量（可选）。

⑥ 弃滤液，加入 500μl W1，12000r/min 离心 30s。

⑦ 弃滤液，加入 700μl W2（洗脱缓冲液 2 初次使用前需按照试剂瓶上指定的体积加入无水乙醇，混合均匀），12000r/min 离心 30s。

⑧ 弃滤液，空管 12000r/min 离心 1min，以去除膜上残留的洗涤液。

⑨ 将吸附柱置于新的 1.5ml 离心管，向膜中央加入 15～30μl 65℃预热的 ddH_2O，静置 2min 后，12000r/min 离心 1min，弃吸附柱，−20℃保存。

（8）小量提取稻瘟菌基因组 DNA

① 在超净工作台中用牙签刮取适量菌丝，放入 1.5ml 离心管中。

② 加入钢珠和 500μl DEB，在 DNA 研磨仪上研磨 1min。

③ 4℃，12000r/min，离心 10min。

④ 吸取上清，转入新的 1.5ml 离心管中，加入等体积的异丙醇，颠倒混匀后，4℃，12000r/min，离心 10min。

⑤ 弃上清，用 70%乙醇洗涤两遍，无水乙醇洗涤一遍，晾干。

⑥ 将沉淀溶于 30μl ddH_2O 中，于−20℃下保存。

（9）大量提取稻瘟菌基因组 DNA

① 将液体 CM 摇培 48h 的稻瘟菌菌丝抽干，收集菌丝，放入液氮中速冻。

② 将液氮速冻的菌丝放于研钵中，加液氮将其充分研磨成粉末。

③ 将粉末转入盛有 15ml 预热好的 $2 \times$ CTAB 的 50ml 离心管中，充分混匀；在 65℃水浴中温浴 30min，间隔 5min 缓慢混匀 1 次，混匀时注意小心液体喷出。

④ 待离心管中液体自然冷却后，在通风橱中加入等体积的苯酚：氯仿（1：1），充分混匀；4℃，12000r/min，离心 10min。

⑤ 小心吸取上清，移入新的 50ml 离心管中加入等体积的苯酚：氯仿（1：1），颠倒混匀；4℃，12000r/min，离心 10min。

⑥ 小心吸取上清，转入新的 50ml 离心管中，加入等体积的氯仿，颠倒混匀；4℃，12000r/min，离心 10min。

⑦ 小心吸取上清，移入新的 50ml 离心管中，加入 0.6 倍体积的异丙醇，-20℃沉淀 30min，4℃，12000r/min，离心 10min。

⑧ 弃上清，用预冷的 70%乙醇洗涤沉淀两遍、预冷的无水乙醇洗涤一遍，晾干；溶于 1ml TE/RNase 中（RNase 的浓度为 100μg/ml），-20℃保存。

（10）Southern blot　本实验按照 Roche DIG 标记及检测试剂盒进行：

① DNA 酶切：配制 500μl 酶切体系。酶切体系：15μg 基因组 DNA 样品，所加酶单位一般为 DNA 量的 3 倍，37℃酶切时间 16～24h。酶切期间取 3～5μl 样品跑胶检测基因组 DNA 是否被完全消化。消化完全后，沉淀 DNA。往酶切体系中加入 0.1 倍体积的 3mol/L NaAc 和 2 倍体积的无水乙醇，-20℃沉淀 30min。12000r/min，4℃，离心 10min。用 70%乙醇洗涤两遍、无水乙醇洗涤一遍，晾干后，将 DNA 溶于约 25μl ddH₂O 中。

② 电泳：制备 0.8% 的琼脂糖凝胶，往样品中加 $5\mu l$ $6\times$ 上样缓冲液后上样。120V 下将样品跑出胶孔后，改用 80V 低电压缓慢电泳。当溴酚蓝离胶底部约 1cm 结束电泳，切除无用的凝胶部分，将凝胶的右上角切去，以便于分辨。

③ 胶处理

a. 将凝胶置于一搪瓷盆中（反面向上），先用 ddH_2O 漂洗 2 次。

（如果目的条带在 15kb 以上，在电泳结束后需进行短暂的脱嘌呤处理：在 0.2mol/L HCl 中，直到凝胶上的溴酚蓝变黄、二甲苯青变成黄绿色即可，然后用蒸馏水漂洗）。

b. 将凝胶浸没于变性液（1.5mol/L NaCl，0.5mol/L NaOH）中，室温，摇床轻轻摇动 30min，使 DNA 变性。

c. 倒去变性液，用蒸馏水漂洗。

d. 加入中和液（0.5mol/L Tris-HCl pH7.0，1.5mol/L NaCl），室温，摇床轻轻摇动 30min。

e. 倒去中和液，加入转移缓冲液（$10\times$ 或 $20\times$SSC）浸没凝胶，室温，摇床轻轻摇动 30min。

（如果 DNA 片段<500 bp，用 $20\times$SSC，如果 DNA 片段>500bp，则使用 $10\times$SSC）。

④ 转膜

a. 在一玻璃平台上铺 1 层滤纸，将其置于一搪瓷盆中，加入 $10\times$SSC 溶液，滤纸的两端要完全浸泡在溶液中，再在其上铺一层厚的滤纸（与凝胶大小一致）。

b. 将变性后的凝胶置于上述平台的中央，反面朝上（注意两者之间最好不要有气泡）。

c. 用封口膜将凝胶四周封严。再将尼龙膜（尼龙膜需浸入转移缓冲液至少 5min）小心覆盖在凝胶上，尼龙膜与凝胶之间不要有气泡。

d. 将湿润的滤纸（和凝胶同样大小）小心覆盖在尼龙膜上，用玻璃棒赶走气泡。

e. 在上述滤纸上放一叠与凝胶同样大小的吸水纸。再在吸水纸上置一平板或玻璃板，其上压一重约 500g 的物品。

f. 静置 18～24h 使其充分转移，注意在转膜过程中要更换吸水纸。

g. 除去吸水纸、滤纸，在膜反面用铅笔做好标记。

⑤ 紫外交联

a. 将膜浸于 5×SSC 溶液中，5min。

b. 普通凝胶成像系统的紫外线下照射 5～10min，放于一次性手套中，正面向下放于平板上，下面照射的光较强，然后用保鲜膜将其包好待用。

⑥ DIG 标记 DNA 探针及杂交液的准备

a. 吸取 1～2μg 待标记的 DNA（PCR 产物）于 1.5ml 离心管中，加 ddH$_2$O 至 16μl。

b. 沸水浴 10min，使 DNA 变性，并迅速在冰上冷却（可在管口用 parafilm 膜封住，防止沸水浴过程中盖子弹开）。

c. 混匀 DIG-High prime（瓶 1），取 4μl 加于变性的模板 DNA 中，混匀后稍离心，37℃水浴过夜标记 20h。

d. 加入 2μl 0.2mol/L EDTA（pH8.0）或 65℃水浴 10min 终止反应（此步可省略）。

e. 将标好的探针沸水浴变性 5min，并迅速在冰上冷却。

f. 吸取变性的探针 5～7μl（约 25ng/ml 杂交液）加入 42℃预热的 7～10ml DIG easy hyb 工作液中（3.5ml/100cm^2 尼龙膜），混合均匀，避免产生泡沫，即为杂交液（含有 DIG 标记的 DNA 探针的杂交液可立即使用，也可贮存在－25～－15℃中，杂交液可重复使用几次，使用前在 68℃下变性 10min，切勿煮沸变性）。DIG easy hyb 工作液制备：64ml 灭菌 ddH$_2$O 分两次小心加入到

DIG easy hyb granules（瓶7）中，并立即在37℃水浴下搅拌溶解5min。

⑦ Southern 杂交过程

预杂交过程

a. 将交联好的尼龙膜置于盛有6×SSC的平皿中，浸泡2min，直至尼龙膜完全浸湿。

b. 将润湿的尼龙膜卷成圆柱状，用镊子小心放入杂交管中，膜背面紧贴杂交管壁，避免膜与杂交管之间有气泡产生。

c. 将预杂交液（DIG easy hyb，$10ml/100cm^2$ 尼龙膜）在42℃下预热；

d. 往杂交瓶中加入预杂交液，拧紧瓶盖，放入杂交炉中（42℃）预杂交30min（可预杂交3h，预杂交时间延长在一定程度上可降低背景）。

杂交过程

a. 预杂结束后，弃掉预杂液，加入已配制好的含有DIG标记DNA探针的杂交液到杂交瓶中（切勿将含有探针的杂交液直接加在膜上），杂交炉轻轻摇动，42℃杂交过夜。

b. 杂交结束后，杂交液可以回收再利用，贮存在 $-25 \sim -15℃$，使用前临时在68℃条件下变性10min。

⑧ 印记膜的洗涤。严格洗涤，以下实验可在杂交炉中进行：

a. 15～25℃不断摇动条件下，用适量的2×SSC、0.1% SDS洗膜2次，每次5min；

b. 65～68℃不断摇动条件下，用适量的预热到42℃或68℃的0.5×SSC、0.1%SDS洗膜2次，每次15min。

⑨ 免疫显色。以下为 $100cm^2$ 杂交膜的免疫检测，均在15～25℃下进行。

a. 将膜放在100ml洗脱缓冲液中，摇动洗涤5min；

b. 将膜放在100ml封闭液（现用现配）中，摇动孵育30min；

c．将膜放在 20ml 抗体液（现用现配）中，摇动孵育 30min；

d．将膜放在 100ml 洗脱缓冲液中摇动洗涤 2 次，每次 15min；

e．将膜放在 20ml 检测缓冲液中平衡 2～5min；

用吸水纸将膜表面的水分吸干，在保鲜膜上加入 1ml CSPD（瓶 5，根据膜的形状点滴在保险膜上），将膜的正面小心贴在保鲜膜上，使液体均匀覆盖在膜的表面，用保鲜膜包裹避免产生气泡，显色。

（11）稻瘟菌总 RNA 的提取　操作步骤按照 Invitrogen RNA 提取试剂盒试剂盒进行：

a. 收集样品，液氮研磨至粉状。

b. 转移至预冷 1.5ml 管中，立刻加入 1ml Lysis 缓冲液和 10μl β-巯基乙醇（需在通风处加）。

c. 高速震荡 45s，2600r/min 离心 5min。

d. 将上清转移至新管，加 0.5 倍体积无水乙醇，转移至离心柱（大）。

e. 12000r/min 15s（30s），弃废液，再加样，直至收集完全（2 次），700μl/次。

f．加 350μl 洗脱缓冲液Ⅰ，12000r/min 15s，室温，弃废液。

g. 加 80μl Dnase 混合物（8μl 缓冲液，2μl Dnase Ⅰ，1μl PRR，69μl H_2O），室温 15min（可省）。

h. 加 350μl 洗脱缓冲液Ⅰ室温 12000r/min 15s，弃废液，换收集管

i. 加 500μl 洗脱缓冲液Ⅱ（加乙醇），12000r/min 15s，弃废液，重复一次。

j. 12000r/min 1min（空甩），换收集管（试剂盒内 1.5ml 离心管）。

k. 加 30～300μl（40μl）水，室温 1min 静置。

l. 最大转速离心 1min，置于-80℃保存。

（12）合成 cDNA　按照 TaKaRa 反转录试剂盒进行。

反应体系：

总 RNA（≈1μg）	1～5μl
gDNA 消除液	1μl
5×gDNA 消除液缓冲液	2μl
RNase free H_2O 至	10μl

在冰上配反应体系，混匀后，42℃水浴 2min，迅速放于冰上，依次加入以下试剂：

1 的反应液	10μl
RT 引物混合物	1μl
PrimeScript®RT 酶复合物 I	1μl
PrimeScript® 缓冲液 2	4μl
RNase free H_2O	4μl

PCR 仪上 37℃ 15min，85℃ 5s，反应完成后迅速置于冰上，置于-20℃保存备用。

（13）酵母双杂实验

① 将-70℃保存的酵母菌株 AH109 在 YPD 板上划线，30℃培养，待长出单菌落后，挑取单菌落接种到 25ml YPD 液体培养基中，30℃，200r/min 过夜震荡摇培至菌体 OD_{600} 达到 0.4～0.5。

② 4000～5000r/min 离心 5s。

③ 弃上清，用灭菌的 ddH_2O 轻弹悬浮，8000r/min 离心 5s。

④ 1ml 100mmol/L LiAc 重悬细胞，30℃温浴 5min。

⑤ 8000r/min 离心 5s，弃上清。

⑥ 用移液枪将上清吸掉，依次加入以下成分：

240μl 50g/100ml PEG

36μl 1.0mol/L LiAc

50μl SS-DNA（2.0mg/ml）

5.0μl 质粒 DNA（100ng～5μg）

$20\mu l$ ddH$_2$O。

⑦ 涡旋细胞，42℃水浴 20min.

⑧ 8000r/min 离心 10s，弃上清。

⑨ 用 $200\sim400\mu l$ ddH$_2$O 重悬沉淀，并均匀涂布在 SD/-Leu/-Trp 板上，30℃培养 $3\sim5$d。

⑩ 挑取单菌落按稀释梯度点接在 SD/-Ade/-His/-Leu/-Trp 板上，30℃培养 $3\sim5$d。

2.2.7.2 稻瘟菌常用实验方法

（1）农杆菌介导的 T-DNA 转化

① 从新鲜培养的 LB 平板上挑取农杆菌 AGL1（含 pATMT1）单菌落接种于 5ml 的 LB 液体培养基（含 $50\mu g/ml$ 卡那霉素）中，28℃，200r/min 过夜培养。

② 取 $200\sim400\mu l$ 培养液转移至 5ml 含 $200\mu mol/l$ 乙酰丁香酮（acetosyringone，AS）、AS 的液体诱导培养基 AIM 中（不含 AS 的作为对照），28℃摇培 $5\sim6$h 至 OD$_{600}$ 值达到 $0.5\sim0.6$。

③ 用 25℃培养 $7\sim10$d 的稻瘟病菌配制 10^6 个/ml 的分生孢子悬浮液。

④ 在超净台内，将硝酸纤维素（NC）膜放在含有乙酰丁香酮的 AIM 板上（不含 AS 的作为对照）。

⑤ 吸取 $100\mu l$ 摇培好的农杆菌 AGL1 菌液与 $100\mu l$ 配好的稻瘟病菌分生孢子悬浮液混合，然后将混合液均匀涂于 AIM 平板上已铺好的 NC 膜表面，22℃共培养。

⑥ 共培养 3d 后，用无菌剪刀把 NC 膜剪成宽 1.0cm 的条状转移到 CM 选择培养基（含 $250\mu g/ml$ 潮霉素、$60\mu g/ml$ 链霉素、$400\mu g/ml$ 头孢氨苄霉素）上筛选，25℃培养至转化子产生。

⑦ 挑取从 NC 膜边缘长出的转化子，转移至含 $150\mu g/ml$ 潮霉素的 CM 平板上，25℃培养再次鉴定转化子的潮霉素抗性。

（2）稻瘟病菌载体构建　本研究载体构建是利用一步法克隆试剂盒，分单片段（图2.2）或多片段（图2.3）体外融合，载体构建如下：

① 制备线性化载体：选择合适的克隆位点，并对克隆载体进行线性化。

② 单片段融合的插入片段扩增引物设计

a. 插入片段正向扩增引物设计方式为：

5′----上游载体末端同源序列＋基因特异性正向扩增序列------3′

b. 插入片段反向扩增引物设计方式为：

3′----基因特异性反向扩增序列＋下游载体末端同源序列------5′

③ 多片段融合的插入片段扩增引物设计

a. 第一片段正向扩增引物设计方式为：

5′----上游载体末端同源序列＋基因特异性正向扩增序列------3′

b. 第一片段反向扩增引物设计方式为：

3′----第一片段基因特异性反向扩增序列＋第二片段5′同源序列------5′

c. 第二片段正向扩增引物设计方式为：

5′----第二片段基因特异性正向扩增序列------3′

d. 第二片段反向扩增引物设计方式为：

3′----第二片段基因特异性反向扩增序列＋第三片段5′同源序列------5′

e. 第三片段正向扩增引物设计方式为：

5′----第三片段基因特异性正向扩增序列------3′

第三片段反向扩增引物设计方式为：

3′----基因特异性反向扩增序列＋下游载体末端同源序列------5′

④ 插入片段PCR扩增：插入片段可用任意PCR酶扩增，本研究选用Phanta®高保真DNA聚合酶扩增。

⑤ 单片段体外融合重组反应

5×CE Ⅱ缓冲液	4μl
线性化克隆载体	50～200ng
插入片段扩增产物	20～200ng
Exnase™ Ⅱ	2μl
ddH$_2$O 至	20μl

最适克隆载体使用量＝(0.02×克隆载体碱基对数)ng

最适插入片段使用量＝(0.04×插入片段碱基对数)ng

⑥ 多片段体外融合重组反应

5×CE MultiS 缓冲液	4μl
线性化克隆载体	0.03pmol
插入片段扩增产物	0.03pmol
Exnase™ MultiS	2μl
ddH$_2$O 至	20μl

多片段体外融合反应体系中，每片段（包括线性化克隆载体）最适使用量＝(0.02×片段碱基对数)ng。

⑦ 37℃水浴 30min，迅速置于冰上。反应产物可直接转化，也可储存在−20℃。待转化时解冻使用。

⑧ 克隆鉴定：用无菌的牙签将单菌落挑至 50μl LB 培养基中混匀，直接取 1μl 作为 PCR 模板，将 PCR 阳性菌落的剩余菌液接种至含有相应抗生素的 LB 培养基中培养过夜，提取质粒做后续鉴定。

（3）稻瘟病菌原生质体转化

① 原生质体的制备：将摇培 48h 的菌丝体用含四层灭菌擦镜纸的漏斗过滤，收集菌丝体。用 0.7mol/L NaCl 溶液冲洗菌丝体，然后将其转移至灭菌的 50ml 离心管中。每克菌丝加入约 1ml 的崩溃酶渗透液（含 20mg/ml 崩溃酶，用 0.7mol/L 氯化钠配制）和 9ml 0.7mol/L NaCl 溶液。在 28℃、160r/min 酶解 2～3h 后。用 4℃预冷的 0.7mol/L NaCl 洗涤菌丝体，用含四层灭菌擦镜纸的漏

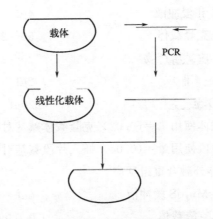

图 2.2　单片段体外融合载体构建示意图

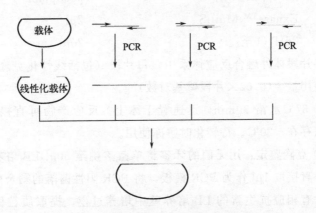

图 2.3　多片段体外融合载体构建示意图

斗过滤，收集原生质体，4℃、3000r/min 离心 15min，弃上清，用 25ml 左右的 STC 洗涤原生质体，然后用 STC 将原生质体浓度调节至 $(6\sim8)\times10^7$ 个/ml。

②转化敲除载体：分装原生质体，每管 900μl，加入等体积的质粒（9~12μg）与 STC 溶液的混合液，冰上放置 20min 后。逐滴缓慢加入 PTC 溶液（2ml/管），冰上静止 15~20min 后，加入 5~20ml OCM（敲除转化用）或 BDCM（互补转化用）液体培养

基，28℃，100r/min摇床培养约12～13h。

③ 铺板：培养12～13h后，将其倒入OCM（敲除转化用）或BDCM（互补转化用）固体培养基，混匀，倒平板。待其凝固后，覆盖上含相应抗性的CM（敲除转化用）或BDCM-overlay（互补转化用）固体培养基，28℃培养5～7d。

④ 敲除筛选：将长出的转化子转至CM培养基（含400μg/ml新霉素）上，25℃培养2～3d后，将不抗新霉素的转化子转入CM培养基上培养。

（4）透射电镜样品制备　样品浸没在2.5%的戊二醛溶液中，4℃固定过夜，然后按下列步骤处理样品：

① 倒掉固定液，用0.1mol/L、pH7.0的磷酸缓冲液（PBS）漂洗样品三次，每次15min；

② 用1%的锇酸溶液固定样品1～2h（细胞会被染至黑色）；

③ 倒掉固定液，用0.1mol/L、pH7.0的PBS漂洗3次，每次15min；

④ 用梯度浓度（包括50%、70%、80%、90%和95%五种浓度）的乙醇溶液对样品进行脱水处理，每种浓度处理15min，再用100%的乙醇处理一次，每次20min；最后过渡到纯丙酮处理20min；

⑤ 用包埋剂与丙酮的混合液（$V/V=1/1$）处理样品1h；

⑥ 用包埋剂与丙酮的混合液（$V/V=3/1$）处理样品3h；

⑦ 纯包埋剂处理样品过夜：将经过渗透处理的样品包埋起来，70℃加热过夜，即得到包埋好的样品。样品在Reichert超薄切片机中切片，获得70～90nm的切片，该切片经柠檬酸铅溶液和醋酸双氧铀50%乙醇饱和溶液各染色15min，即可在Hitachi H-7650型透射电镜中观察。

（5）稻瘟病菌表型测定

① 菌落形态观察和生长速度的测定。将稻瘟菌野生型菌株

Guy11 及待测菌株分别接种于 CM 板上，25℃培养 10d 后，用直径为 5mm 的打孔器在菌落边缘打菌饼，然后用牙签将菌饼接种到 CM 平板中央，菌丝面朝下，每个菌株设 3 个重复。25℃光照培养箱倒置培养。培养 10d 后，拍照并测量菌落直径。

② 产孢量的测定。将稻瘟菌野生型菌株 Guy11 和待测菌株分别接种在 CM 板上，培养 10d 后，用 30ml 自来水彻底洗下平板上所有的孢子，收集在 50ml 离心管中。颠倒混匀后用血细胞计数板计数，重复 3 次，取平均值。计算出每个平板中分生孢子的总数。

③ 分生孢子形态观察。用刀片切取新鲜菌落边缘的菌丝块，倒置放在载玻片上，保湿培养 12～24h 后，将载玻片置于光学显微镜下，10×物镜下观察并拍照。

④ 附着胞诱导

a. 用 4 层擦镜纸过滤收集培养 10d 左右的分生孢子，5000r/min 离心 5min；

b. 弃上清，5000r/min 离心 5min，此步骤重复 2～3 次；

c. 用无菌水将分生孢子悬浮液浓度调至（5～10）×10^4 个/ml；

d. 将分生孢子悬浮液点接到疏水膜表面（GelBond film）；

e. 不同时间点观察并统计分生孢子的附着胞形成率。

⑤ 附着胞膨压测定

a. 按照上文分生孢子悬浮液的制备方法，用无菌水将分生孢子悬浮液浓度调至 10^5 个/ml；

b. 将分生孢子悬浮液以 10μl/滴点接到疏水膜表面（GelBond film），25℃黑暗培养 24h 或 48h；

c. 小心弃掉分生孢子液的水分，并滴上 10μl 不同浓度（1mol/L、2mol/L、3mol/L、4mol/L）的甘油溶液或（25%、30%、35%）PEG8000 溶液；

d. 静置 10min 后盖上盖玻片，在光学显微镜下观察并统计附着胞的塌陷率，每次至少统计 100 个附着胞，实验重复 3 次。

⑥ 致病性的测定。常用的致病性测定方法有活体喷雾接种、离体划伤接种。具体操作如下：

a. 活体喷雾接种：用 0.025％ Tween-20 收集培养 10d 的分生孢子，经 3 层擦镜纸过滤后，调节孢子浓度至 5×10^4 个/ml。用喷泵将 7~8ml 的孢子悬浮液均匀喷洒于水稻叶片上（生长 2 周）。黑暗保湿培养 36h 后转至光暗交替培养箱培养，期间注意喷水保湿。5d 后，拍照并记录水稻的发病情况。

b. 离体划伤叶片接种：剪取生长 2 周的水稻新叶的中间部分做划伤实验。用酒精灯烧过的挑针在水稻叶片正面轻轻划几下，注意用力不要过猛，避免将叶片划破。然后将划过的叶片放入铺有吸水纸的培养皿中（注意叶片与吸水纸之间应放几根塑料棒隔离，避免叶片变黄）。切取培养 10d 的新鲜菌落的外缘取菌丝块，将其正面朝下接种在水稻叶片的划伤处，每个叶片一般接种 3 个菌丝块。28℃黑暗保湿培养 36h 后光照培养 48~72h。观察并记录水稻叶片的发病情况。

⑦ 侵染阶段过程观察。常用于观察侵染过程的接种方法有：离体接种洋葱内表皮，离体接种大麦叶片。具体操作如下。

a. 离体接种洋葱内表皮：按照上文的方法中制备分生孢子悬浮液，并用无菌水将浓度调至 1×10^5 个/ml；将新鲜的洋葱内表皮切成 1cm×1cm 的小片，正面朝上平铺在 1％的水琼脂平板上，每个平板上贴 6~9 片（水琼脂平板最好现用现倒）；将分生孢子浓度以 9 滴/10μl 点接在洋葱表皮上。25℃黑暗保湿培养。在接种后 24h 和 36h 在显微镜下观察分生孢子的萌发和初生附着胞、成熟附着胞、侵染钉及侵染菌丝的形成情况。

b. 离体接种大麦叶片：剪取长至一叶一心期的大麦叶片做离体接种实验，将叶片正面朝上置于铺有吸水纸的培养皿中，每皿摆放 4~5 个叶片，叶片的两端用润湿的脱脂棉或吸水纸压住。用 0.05％ Tween-20 配置分生孢子悬浮液，调浓度至 (10~15)×10⁴

个/ml。用移液枪以 3μl/滴点接在大麦叶片的背面，25℃黑暗保湿培养。分别在接种后 24h 和 48h，撕取大麦的下表皮在显微镜下观察附着胞、侵染钉及侵染菌丝的形成情况。

⑧ 稻瘟病菌有性生殖测定。分别将野生型菌株 Guy11 和待试菌株接种在燕麦培养基（OMA）上与 TH3 菌株对峙培养；25℃光暗交替培养 4d（两个菌株的菌落边缘生长至接近时）后，转至19℃持续光照培养；1 个月后观察交界处子囊壳产生情况并拍照记录。小心挑取交界处的黑色子囊壳，压片后在显微镜下观察子囊、子囊孢子形态，实验设 3 个重复。

⑨ 尼罗红染色观察脂滴转运。按上文方法配制分生孢子悬浮液，稀释浓度至（5～10）×10^5 个/ml；将分生孢子悬浮液点接到疏水膜表面（GelBond film）诱导附着胞形成；分时段（4h、8h、12h、24h、48h）观察附着胞的形成情况，并滴加尼罗红染液（尼罗红染料包含 50mmol/L Tris/maleate，pH7.5；20mg/ml 聚乙烯吡咯烷酮；2.5mg/ml 尼罗红），黑暗染色 5min 后在激光共聚焦显微镜（Zeiss Lsm 780）下观察并拍照。

2.3 结果与分析

2.3.1 稻瘟菌 ATMT 突变体库的建立及致病缺陷突变体的获得

通过大规模的 ATMT（根癌土壤杆菌介导的转化），用含有质粒 pATMT1 的农杆菌 AGL1 转染稻瘟病菌分生孢子，再分离抗潮霉素的转化子。共获得 2347 个转化子，致病性测定首先采用大麦叶片离体接种的方法对转化子的致病性进行了初筛，从 2347 个转化子中筛选到 2 个致病力完全丧失的突变体（B43 和 C445）和 2个致病力明显减弱的突变（C388、C515），其菌落形态和致病性测定结果分别见图 2.4(A) 和图 2.4(B)。

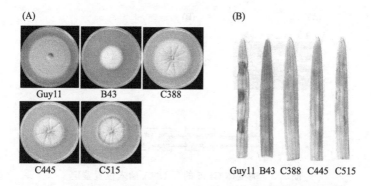

图 2.4 稻瘟病菌野生型菌株及 T-DNA 插入突变体的表型分析
(A) T-DNA 插入转化子的菌落形态观察；(B) 大麦致病性测定

2.3.2 致病缺陷突变体 T-DNA 插入位置的鉴定

为了鉴定 T-DNA 的插入位点，我们以突变体基因组为模板，通过 TAIL-PCR 扩增 T-DNA 插入位点的左翼序列，然后将其克隆到 pGEM-Teasy 载体上，进行测序比对。突变体 C445 的 TAIL-PCR 扩增见图 2.5(A)。DNA 序列分析比对的结果表明，突变体 C445 中的 T-DNA 插入在基因组 4280958＋处，位于基因 MGG_09299 转录起始位置下游 536bp 的第二个外显子 [图 2.5(B)]。MGG_09299 推测编码过氧化物酶体 Peroxin 1 (Pex1)，命名为 *MoPEX1* (*Magnaporthe oryzae* Pex1)，分别与禾谷镰刀菌 (*Fusarium graminearum*) FGSG_07104、构巢曲霉 (*Aspergillus nidulans*) ANIA_05991 和酿酒酵母 (*Saccharomyces cerevisiae*) YKL197C 的氨基酸序列同源性达到 60%、51% 和 38%。MoPex1 属于 AAA-Type ATPase 家族成员。AAA-domain 由 200～250 个氨基酸组成，含有两个分别结合和水解 ATP 的 Walker A 和 Walker B 基序 [图 2.5(C)]。

突变体 B43 中的 T-DNA 插入在基因 MGG_04708 中，MGG_

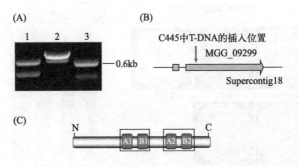

图 2.5　突变体 C445 的 T-DNA 插入位置鉴定

（A）突变体 C445 TAIL-PCR 扩增电泳图；（B）突变体 C445 中 T-DNA 插入位
置和预测基因 MGG _ 09299 的位点结构。红色箭头表示 T-DNA 插入位置，蓝
色粗箭头表示预测的外显子；（C）MoPex1 包含两个 AAA-domain。每个结构
域含有两个分别结合和水解 ATP 的 Walker A 和 Walker B 基序

04708 编码 MoSom1，该基因已有报道（Yan et al.，2011）。突变
体 C388 和 C515 中 T-DNA 的插入位置分别在基因 MGG _ 00598
（MoAtg12）起始密码子上游的 513 bp 处和基因 MGG _ 0239
（MoPex22-like）起始密码子下游的 816 bp 处，本文没有着重对其
开展研究。

2.3.3　MoPEX1 敲除突变体的获得

为了验证插入突变体 C445 的表型是由基因破坏引起的，我们
利用同源置换原理对其进行了基因敲除。首先从稻瘟菌全基因组序
列数据库（http：//www.riceblast.org/）中获取目标基因的序
列，及其上下游各 1.5kb 的序列设计左右臂的扩增引物 LB F/LB
R 和 RB F/RB R（引物序列见附录 1）。以野生菌 Guy11 基因组
DNA 为模板，用引物扩增左右臂，回收片段后克隆至 pKOV21 载
体上，经测序验证正确后得到敲除载体 pKO9299 ［图 2.6（A）］。

利用 PEG 介导的方法将敲除载体转入野生型 Guy11 的原生质

体中，共得到 96 个潮霉素抗性的转化子，经新霉素抗性筛选和 PCR 验证，初步得到 4 个敲除突变体（ΔMopex1-21、ΔMopex1-32、ΔMopex1-49 和 ΔMopex1-57），利用 Southern blot 进一步验证基因的缺失。选用限制性内切酶 EcoR V 消化野生型和敲除突变体的基因组 DNA，用左臂作为探针。Southern blot 结果显示，野生型 Guy11 检测到一条 5.8kb 的带，而 4 个敲除突变体均检测到一条 8.2kb 的带 [图 2.6(B)]，由此确定这四个转化子均为正确的敲除转化子。

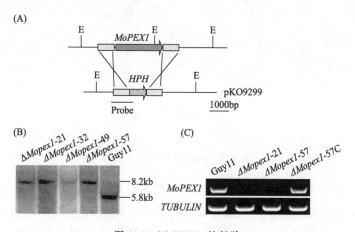

图 2.6　MoPEX1 的敲除

（A）敲除载体 pKO9299 的构建，E——EcoRV；（B）Southern blot 分析，限制性内切酶 EcoRV 消化野生型和 4 个敲除突变体的基因组 DNA，引物 LB-F 和 LB-R 扩增的 1.5kb 片段作为探针；（C）RT-PCR 分析，选野生型 Guy11、敲除体（ΔMopex1-21 和 ΔMopex1-57）和互补体进行 RT-PCR 分析，β-tubulin 作为内参

2.3.4　MoPEX1 互补转化子的获得

为了进一步确认敲除突变体的表型缺陷是由基因缺失引起的，进行了互补分析。以野生菌 Guy11 基因组 DNA 为模板，分别用引物对 9299 nGFP F/promGFP R 和 9299 cGFP F/9299GFP R 扩增

1.3kb 的启动子序列和 3.8kb 的 ORF 序列。用引物对 GFP F/GFP R 扩增 0.7kb 的 *eGFP* 的编码序列，这三段 PCR 产物回收后按照诺唯赞公司一步法克隆试剂盒克隆至 p1532 载体上，经测序验证正确后得到互补载体 pNG9299（N 端 GFP 标记载体），如图 2.7 所示。

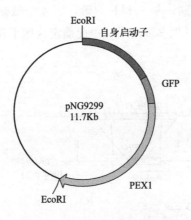

图 2.7　pNG9299 的载体图谱

按照方法 2.2.7.2（3）将互补载体转化到敲除体（ΔMopex1-57）的原生质体中，经氯嘧磺隆筛选，共挑取 20 个抗性正确互补转化子进行致病性测定，发现 90％的转化子表型恢复至野生型（数据未列出）。此外，作者还挑取野生型 Guy11、敲除体（ΔMopex1-21 和 ΔMopex1-57）和互补体进行了 RT-PCR 分析 [图 2.6(C)]。以上结果表明突变体的表型缺陷的确是由基因的功能丧失引起的。

2.3.5　MoPEX1 基因在稻瘟菌侵染寄主植物中起重要作用

为了分析 *MoPEX1* 在致病过程中的作用，选取互补体 ΔMopex1-57C（NG9-3）、敲除体（ΔMopex1-21 和 ΔMopex1-57）

及野生型菌株 Guy11 按照 2.2.7.2 (5) 方法进行了水稻喷雾接种。接种 5d 后，野生型菌株和回补菌株接种的叶片均能形成典型的病斑，而接种 $\Delta Mopex1$ 突变体的叶片未能观察到病斑 [图 2.8 (A)]。先前有研究报道稻瘟菌中过氧化物酶体脂肪酸 β-氧化对附着胞介导的侵染是至关重要的 (Ramos-Pamplona and Naqvi, 2006；Wang et al. , 2007；Bhambra et al. , 2006)，它所产生的乙酰辅酶 A 可能作为乙醛酸循环的底物来支持细胞壁生物合成所需的葡聚糖和几丁质的合成。所以我们在外源添加 2.5% 葡萄糖的处理条件下进行了致病性测定，结果发现在外源添加葡萄糖的条件下，$\Delta Mopex1$ 突变体的致病性得到部分恢复 [图 2.8(B)]，推测这可能是由于外源葡萄糖能够部分恢复附着胞的功能。

此外，划伤接种实验显示 $\Delta Mopex1$ 突变体在划伤的叶片上形成的病斑非常局限 [图 2.8(C)]，表明 $\Delta Mopex1$ 突变体在寄主组织内侵染菌丝的扩展也受到抑制。因此，$MoPEX1$ 基因除了影响侵入外，还参与扩展。

我们也进行了洋葱和大麦表皮穿透试验，将各菌株的分生孢子悬浮液点滴在洋葱和大麦表皮细胞上，黑暗保湿培养。24h 后观察发现野生型菌株和回补菌株均能穿透寄主表皮，形成侵染菌丝，而 $\Delta Mopex1$ 突变体产生的附着胞不能侵入寄主 [图 2.8(D)]。36h 后撕大麦表皮观察结果与洋葱表皮实验结果一致，$\Delta Mopex1$ 突变体产生的附着胞不能穿透寄主表皮。以上结果表明 $MoPEX1$ 在附着胞和侵染菌丝形成阶段发挥很重要的作用。

2.3.6 ΔMopex1 产孢量显著下降

$MoPEX1$ 缺失后，突变体菌落生长变慢、产孢量明显减少。在完全培养基 (CM) 上培养 10d 后，$\Delta Mopex1$ 突变体 ($\Delta Mopex1$-21 和 $\Delta Mopex1$-57) 菌落直径为 5.97 ± 0.06cm 和 5.83 ± 0.06cm，而

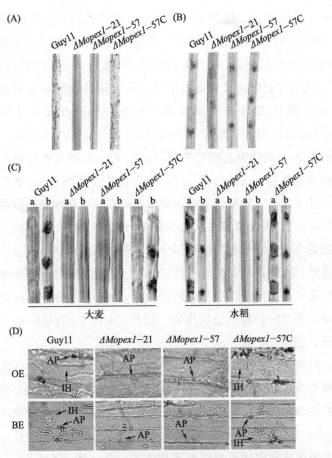

图 2.8　*MoPEX1* 在稻瘟菌侵染寄主植物过程中起重要作用

(A) 将野生型菌株（Guy11）、敲除突变体（Δ*Mopex1*-21 和 Δ*Mopex1*-57）和互
补菌株（Δ*Mopex1*-57C）的分生孢子悬浮液（$5×10^4$ 个/ml）分别喷接水稻；
(B) 在外源添加 2.5% 葡萄糖的条件下，将各菌株分生孢子悬浮液（$1×10^5$ 个/
ml，10μl/滴）点接于水稻叶片上；(C)～(D) 将各菌株菌块离体接种于大麦和
水稻叶片上，a—完整叶片，b—划伤叶片；(D) 将各菌株分生孢子悬浮液（$1×$
10^5 个/ml）点接于洋葱内表皮和大麦表皮上，分别 24h 和 30h 后观察附着胞和
侵染菌丝形成情况。AP—附着胞；IH—侵染菌丝，Bars＝20μm。(A)、(B)、
(C) 接种 5d 后观察拍照

野生型菌株的直径为 6.87 ± 0.08cm [图 2.9（A）和图 2.9（B）]。在光学显微镜下观察分生孢子的形成情况，发现与野生型菌株和回补菌株相比，$\Delta Mopex1$ 突变体的分生孢子梗和分生孢子明显减少 [图 2.9（C）]。进一步收集 CM 培养基上培养 10d 的各菌株分生孢子，血细胞计数板计数统计显示，$\Delta Mopex1$-21 和 $\Delta Mopex1$-57 突变体的产孢量分别（55.0 ± 8.66）$\times10^4$ 和（70.0 ± 8.66）$\times10^4$ 个/皿，而野生型菌株 Guy11 的产孢量是（47.3 ± 0.65）$\times10^6$ 个/皿 [图 2.9（D）]，同时发现 $MoPEX1$ 基因重新导入 $\Delta Mopex1$ 突变体后可完全恢复突变体在营养生长和产孢上的缺陷。

此外，进行了有性生殖实验，将野生型菌株 Guy11 和突变体 $\Delta Mopex1$-57 菌株分别与 TH3 菌株在燕麦琼脂培养基（OMA）上对峙培养，25℃光暗交替培养 4d 后转至 19℃持续光照培养。4 周后，在 Guy11×TH3 和 $\Delta Mopex1$-57×TH3 的交界处都能观察到许多的子囊壳，镜检也能观察到正常的子囊和子囊孢子（图 2.10）。结果表明，$MoPEX1$ 不是稻瘟菌有性繁殖所必需的。

2.3.7 MoPEX1是附着胞正常发育所必需的

2.3.7.1 MoPEX1 基因在附着胞的形成中其重要作用

在光学显微镜下我们观察了野生型菌株、$\Delta Mopex1$ 菌株和回补菌株的附着胞形态，结果发现 $\Delta Mopex1$ 菌株形成的附着胞是畸形的 [图 2.11（A）]。为了明确 $MoPEX1$ 的缺失是否会影响附着胞的形成，进行了附着胞诱导实验，测定了野生型菌株和敲除体菌株在疏水膜上诱导 24h 和 48h 的附着胞形成率。诱导 24h 后发现，$\Delta Mopex1$-21 和 $\Delta Mopex1$-57 的附着胞形成率分别是（58 ± 1）％ 和（62 ± 1）％，而野生型的附着胞形成率是（96 ± 1）％ [图 2.11（B）]。敲除体的附着胞形成率明显低于野生型，即使诱导 48h 后，敲除体的附着胞形成率也没有明显增加。

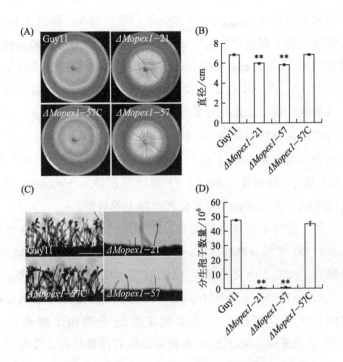

图 2.9 *MoPEX1* 是产生分生孢子所必需的

(A)、(B) 将野生型菌株（Guy11）、敲除突变体（Δ*Mopex1*-21 和 Δ*Mopex1*-57）和互补菌株（Δ*Mopex1*-57C）的打孔菌丝块接种至 CM 平板上，7d 后观察菌落形态并测定菌落直径；(C)、(D) 在外源添加 2.5％葡萄糖的条件下，将各菌株分生孢子悬浮液（$1×10^5$ 个/ml，10μl/滴）点接于水稻叶片上；(C) 显微镜下观察分生孢子的形成情况；(D) 产孢量测定；根据三个独立实验计算平均值和标准差，显著性差异用 ＊＊ 号表示（$P<0.01$）

2.3.7.2 MoPEX1 基因参与维持稻瘟病菌细胞壁的完整性

附着胞介导的侵染依赖于其内部产生的巨大的膨压。为了确定 Δ*Mopex1* 菌株丧失致病性是否是由于膨压的缺陷引起的，按照 2.2.7.2（5）方法进行了附着胞塌陷实验。诱导 24h 后弃去水分，用不同浓度的甘油溶液处理 10min 后在光学显微镜下观察，令人奇怪的是，敲除体 Δ*Mopex1* 菌株的附着胞塌陷率明显低于野生型

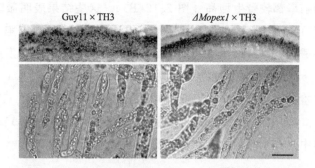

图 2.10　稻瘟病菌野生型和敲除突变体的有性生殖

（将野生型菌株 Guy11 和突变体 Δ*Mopex1*-57 菌株分别与 TH3 菌株在 OMA 上对峙培养，4 周后在 Guy11×TH3 和 Δ*Mopex1*-57×TH3 的交界处均形成大量的子囊壳，Bars＝20μm）

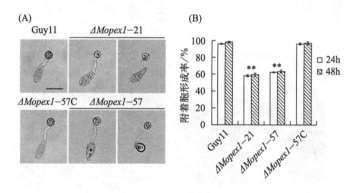

图 2.11　附着胞形成实验

（A）、（B）将野生型菌株（Guy11）、敲除突变体（Δ*Mopex1*-21 和 Δ*Mopex1*-57）和互补菌株（Δ*Mopex1*-57C）的分生孢子悬浮液（1×10⁵ 个/ml）点接于疏水玻片上，24h 和 48h 后分别统计附着胞形成率，Bars＝20μm。根据三个独立实验计算平均值和标准差，显著性差异用 ＊＊ 号表示（$P<0.01$）

［图 2.12（A）］。推测这种现象可能是甘油分子可以穿透细胞壁引起的，所以我们改用大分子的 PEG8000 处理。结果表明：突变体形成的附着胞在浓度为 25％、30％和 35％的 PEG8000 溶液处理条件

下，塌陷率都较野生型高 [图 2.12(B)]。这些结果表明敲除体的细胞壁可能不如野生型细胞壁完整才导致甘油可以穿过细胞壁孔。

在透射电子显微镜下观察了 $\Delta Mopex1$ 突变体的黑色素层，发现 $\Delta Mopex1$ 突变体的黑色素层明显比野生型的薄 [图 2.12(C)]。同时也检测了 $\Delta Mopex1$ 突变体中涉及黑色素合成基因（ALB1、RSY1 和 BUF1）的表达量，与透射电镜观察结果一致，$\Delta Mopex1$ 突变体中这 3 个基因的表达水平明显下调 [图 2.12(D)]。

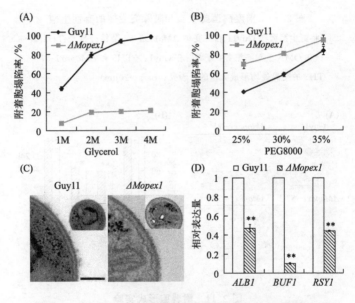

图 2.12　MoPEX1 在附着胞正常发育过程中起重要作用

(A)、(B) 膨压测定实验。将野生型菌株 Guy11 和敲除体 $\Delta Mopex1$-21 的分生孢子悬浮液（5×10^4 个/ml）点接在疏水玻片上，24h 后分别用 1mol/L、2mol/L、3mol/L、4mol/L 的甘油溶液 (A) 和 25%、30%、35% 和 40% 的 PEG8000 溶液 (B) 处理，显微镜观察并统计附着胞的塌陷比例；(C) 附着胞细胞壁透射电镜观察，Bars=200nm；(D) 黑色素合成相关基因的表达量分析。根据三个独立实验计算平均值和标准差，显著性差异用 ＊＊ 号表示（$P < 0.01$）

为了验证 PEX1 对细胞壁完整性的影响，测定了敲除体在细胞壁胁迫压力条件下的敏感性。将野生型菌株和敲除体菌株接种在分别含有 200μg/ml 的刚果红（CR）和 0.01% SDS 的 CM 培养基上，培养 10d 后测量菌落直径并计算抑制率。结果发现，$\Delta Mopex1$ 突变体表现出较高的敏感性（图 2.13），表明 $MoPEX1$ 对维持细胞壁完整性起很重要的作用。

以上结果表明 $MoPEX1$ 是附着胞形成、形态发生和细胞壁完整性所必需的。

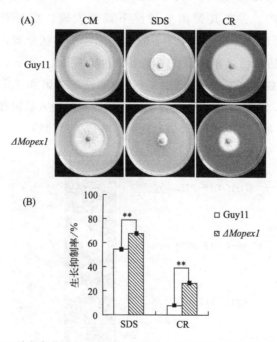

图 2.13 稻瘟病菌野生型菌株和 $\Delta Mopex1$ 突变体细胞壁敏感性实验

（A）、（B）将野生型菌株 Guy11 和敲除体 $\Delta Mopex1$-21 接种在分别含有 200μg/ml 的刚果红（CR）和 0.01% SDS 的 CM 平板上，培养 10d 后观察菌落形态并测定菌落直径计算抑制率。根据三个独立实验计算平均值和标准差，显著性差异用＊＊号表示（$P < 0.01$）

2.3.8 MoPEX1 的缺失阻断了过氧化物酶体基质蛋白的输入

过氧化物酶体基质蛋白的输入依赖于序列自身的定位信号：PTS1 和 PTS2。为了了解 *MoPEX1* 在过氧化物酶体基质蛋白输入过程中的作用，将 pGFP-PTS1 和 pPTS2-GFP 分别转入野生型和敲除体中，从中挑选出与母体表型一致的 4 个转化子（Guy11/GFP-PTS1、Δ*Mopex1*/GFP-PTS1、Guy11/PTS2-GFP 和 Δ*Mopex1*/PTS2-GFP），并在共聚焦显微镜下观察发现：在带有 PTS1 和 PTS2 信号的野生型转化子中，绿色荧光均呈点状分布，而敲除体转化子中的绿色荧光分布在细胞质中，如图 2.14 所示。说明野生型菌株中 GFP-PTS1 和 PTS2-GFP 能够被正确识别并定位到过氧化物酶体，而敲除体衍生的转化子中基质蛋白输入被阻断。这表明 *MoPEX1* 的缺失阻断了过氧化物酶体基质蛋白的输入。

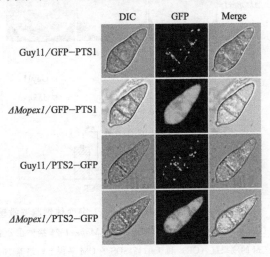

图 2.14 *MoPEX1* 的缺失阻断了基质蛋白的输入
[将转化子 Guy11/GFP-PTS1、Δ*Mopex1*/GFP-PTS1、Guy11/PTS2-GFP 和
Δ*Mopex1*/PTS2-GFP 分生孢子悬浮液（$1×10^5$ 个/ml）点接在疏水玻片上，
共聚焦显微镜下观察荧光分布情况，Bars=5μm]

另外，我们也将 GFP-PMP47 转化到野生型菌株和 $\Delta Mopex1$
突变体的原生质体中。在共聚焦显微镜下观察发现：野生型分生孢
子中的荧光呈点状分布，敲除体中的荧光大部分呈点状分布，但仍
有一些分布在细胞质中。此外还注意到，与 Guy11/GFP-PMP47
相比，敲除体菌丝中的点状 GFP 荧光似乎更大（图 2.15）。这些结
果表明过氧化物酶体膜蛋白的输入一定程度上可能也受到
$MoPEX1$ 缺失的影响。

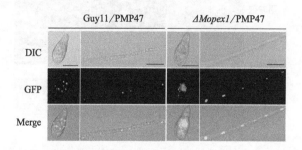

图 2.15　稻瘟病菌野生型菌株和突变体菌株中 PMPs 的分布情况
（共聚焦显微镜下观察转化子 Guy11/GFP-PMP47 和 $\Delta Mopex1$/
GFP-PMP47 分生孢子和菌丝中的荧光分布情况，Bars＝10μm）

2.3.9　MoPex1 定位于过氧化物酶体

为了明确 MoPex1 的亚细胞定位，将 pRFP-PTS1 载体转入互
补菌株 $\Delta Mopex1$-57C（NG9-3）的原生质体中，筛选挑取正确表
达 RFP-PTS1 和 GFP-MoPEX1 的转化子 GDW2 进行荧光观察。

共聚焦显微镜观察发现，在转化子 GDW2 的分生孢子中 GFP
和 RFP 都呈点状分布，并相互吻合达到共定位的效果 ［图 2.16
（A）］，表明 MoPex1 定位于过氧化物酶体。此外也检测了 MoPex1
的时空表达，发现 MoPex1 在分生孢子、附着胞形成、营养菌丝和
侵入菌丝阶段都呈点状分布 ［图 2.16（B）和图 2.16（C）］。

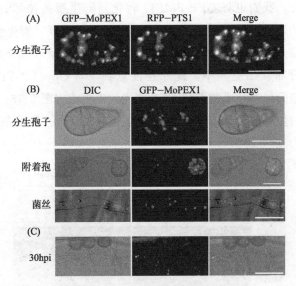

图 2.16 MoPex1 定位于过氧化物酶体

(A) 将共定位转化子 GDW2 的分生孢子悬浮液（1×10^5 个/ml）点接在疏水玻片上，在共聚焦显微镜下拍照记录；(B)、(C) 在共聚焦显微镜下拍照记录 MoPex1 在分生孢子、附着胞形成、营养菌丝和侵入菌丝阶段的时空表达。Bars＝$10\mu m$

2.3.10　ΔMopex1 突变体中脂滴的转运和降解延迟

在稻瘟病菌附着胞发育过程中，分生孢子中的脂类物质会随着附着胞的发育向附着胞中转运，并快速分解成为膨压形成的主要来源（Thines et al.，2000）。而过氧化物酶体作为脂肪酸 β-氧化发生的重要场所，*MoPEX1* 的缺失会不会影响脂类的代谢和转运？为了明确 *MoPEX1* 在脂肪代谢和转运中的作用，按照 2.2.7.2（5）方法进行了尼罗红染色，在共聚焦显微镜下观察了突变体菌株和野生型菌株附着胞形态发生过程中的脂滴分布情况（图 2.17）。诱导 12h 后，野生型菌株分生孢子中几乎观察不到脂滴，24h时脂滴完全降解。然而，24h时突变体菌株的分生孢子中仍有大量的脂滴，即使诱导48h后，分生孢子和附着胞中依然有脂滴存在。表明 $\Delta Mopex1$-57 突变体中脂滴的转运和降解效率显著下降。

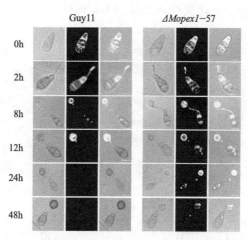

图 2.17　$\Delta Mopex1$ 突变体中脂滴的转运和降解延迟

[将野生型菌株 Guy11 和敲除体 $\Delta Mopex1$-21 的分生孢子悬浮液（1×10^5 个/ml）点接于疏水玻片上，0h、2h、8h、12h、24h、48h 后分别用尼罗红染色后在共聚焦显微镜下观察，Bars ＝10μm]

2.3.11　MoPEX1 参与脂肪酸的利用

在真菌中，过氧化物酶体是脂肪酸 β-氧化的重要场所。在上述尼罗红染色实验中，诱导 48h 后 $\Delta Mopex1$ 突变体分生孢子和附着胞中仍存在较多脂滴。为了进一步阐明 $MoPEX1$ 对脂肪酸代谢的影响，将野生型菌株 Guy11、$\Delta Mopex1$-57 突变体及其互补菌株接种在分别以葡萄糖（1%）、醋酸钠（50mmol/L）、橄榄油（0.2%）、Tween-20（0.5%）为唯一碳源的基础培养基（MM）上，培养 10d 后，观察各菌株对不同碳源的利用情况并测量菌落直径。结果发现在以醋酸钠和葡萄糖为唯一碳源生长条件下的 $\Delta Mopex1$-57 突变体的生长抑制率分别为 8.8% 和 18.6%；而在以橄榄油和Tween-20 为唯一碳源的培养基上，$\Delta Mopex1$-57 突变体的菌落生长明显受到抑制，生长抑制率分别达到 25.1% 和 65.6%（图2.18）。$\Delta Mopex1$-21 突变体也得到类似的结果。

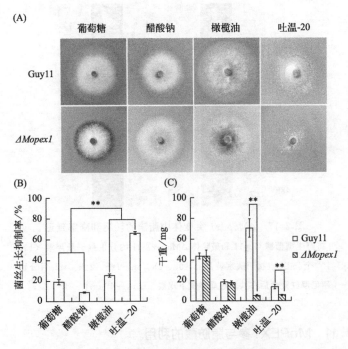

图 2.18　*MoPEX1* 的缺失影响了脂类的代谢

[(A)～(B)：野生型菌株 Guy11 和敲除体 $\Delta Mopex1$-21 在以葡萄糖（1%）、醋酸钠（50mmol/L）、橄榄油（0.2%）和 Tween-20（0.5%）为唯一碳源的培养基上生长 10d 后，观察其菌落形态并统计菌落直径。（C）将野生型菌株 Guy11 和敲除体 $\Delta Mopex1$-21 分别接种于以不同碳源为唯一碳源的液体培养基中，28℃摇培 5d 后收集菌丝烘干称量。根据 3 个独立实验计算平均值和标准差，显著性差异用 ＊＊ 号表示（$P<0.01$）]

进一步将野生型菌株 Guy11 和 $\Delta Mopex1$-57 突变体接种在分

别以葡萄糖（1%）、醋酸钠（50mmol/L）、橄榄油（0.2%）、Tween-20（0.5%）为唯一碳源的液体 MM 培养基中，28℃摇培 5d 后收集菌丝检测干重。结果发现在葡萄糖和醋酸钠条件下生长时，野生型菌株 Guy11 和 $\Delta Mopex1$-57 突变体在菌体重量上没有明显差异。而以橄榄油或 Tween-20 作为唯一碳源条件下生长时，$\Delta Mopex1$ 突变体的菌体干重较野生型显著降低，表明 $\Delta Mopex1$ 突变体在脂肪酸的利用过程中存在缺陷，$MoPEX1$ 是稻瘟菌脂肪酸利用所必需的。

2.3.12　MoPex1 与 MoPex6 互作

在毕赤酵母（*Pichia pastoris*）中，首先报道了 Pex1 能与 Pex6 发生互作（Faber et al.，1998）。随后 Pex1 与 Pex6 的互作也在人类（*Homo sapiens*）、多形汉逊酵母（*Hansenula polymorpha*）和酿酒酵母（*Saccharomyces cerevisiae*）中得到证实（Tamura et al.，1998；Kiel et al.，1999；Birschmann et al.，2005）。为了确定在稻瘟菌中 MoPex1 是否与 MoPex6 相互作用，进行了酵母双杂交（Y2H）实验。将 $MoPEX1$ 的 cDNA 克隆到 pGADT7 中作为捕获载体 pGADT7-PEX1；将 $MoPEX6$ 的 cDNA 克隆到 pGBKT7 中作为诱饵载体 pGBKT7-PEX6。然后将所得的猎物载体和诱饵载体共转化到酵母菌株 AH109 中，同时设置阳性和阴性对照。在二缺板上 30℃培养 3～4d 后，将二缺板上的酵母转化体接种在 SD/-Trp/-Leu/-His/-Ade 培养基上继续培养生长。能在四缺板上生长表明能够发生互作，反之不互作，结果发现 MoPex1 与 MoPex6 存在直接的蛋白互作（图 2.19）。此外，也检测了 $MoPEX6$ 在 $\Delta Mopex1$ 突变体中的表达水平，结果发现 $MoPEX6$ 在 $\Delta Mopex1$ 突变体的菌丝和附着胞中表达水平上调（图 2.20）。

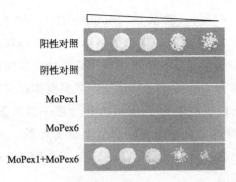

图 2.19 稻瘟病菌 MoPex1 与 MoPex6 互作

（将载体 pGBKT7/pGADT7 （阴性对照）、pGBKT7-53/pGADT7-T
（阳性对照）、pGAD-Pex1/pGBKT7、pGBK-Pex6/pGADT7、pGBK-
Pex6/pGADT7 和 pGAD-Pex1/pGBKT7 分别共转至酵母菌株 AH109
中，将二缺板上的酵母转化子以 1×10^5、1×10^4、1×10^3 和 1×10^2
个细胞/滴接种在 SD/-Trp/-Leu/-His/-Ade 培养基上继续培养生长）

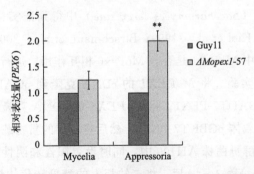

图 2.20 *MoPEX6* 在野生型菌株和 Δ*Mopex1* 中的表达水平

［根据三个独立实验计算平均值和标准差，显著性差异用 ＊＊ 号表示
（$P < 0.01$）］

参考文献

[1] Albertini M，Rehling P，Erdmann R，et al. Pex14p, a peroxisomal mem-
brane protein binding both receptors of the two PTS-dependent import
pathways. *Cell*，1997，89：83-92.

[2] Asakura M, Okuno T & Takano Y. Multiple contributions of peroxisomal metabolic function to fungal pathogenicity in *Colletotrichum lagenarium*. *Appl Environ Microb*, 2006, 72 (9): 6345-6354.

[3] Bhambra G K, Wang Z Y, Soanes D M, et al. Peroxisomal carnitine acetyl transferase is required for elaboration of penetration hyphae during plant infection by *Magnaporthe grisea*. *Mol Microbiol*, 2006, 61: 46-60.

[4] Biardi L & Krisans S K. Compartmentalization of cholesterol biosynthesis. Conversion of mevalonate to farnesyl diphosphate occurs in the peroxisomes. *J Biol Chem*, 1996, 271: 1784-1788.

[5] Braverman N, Dodt G, Gould S J & Valle D. An isoform of Pex5p, the human PTS1 receptor, is required for the import of PTS2 proteins into peroxisomes. *Hum Mol Genet*, 1998, 7: 1195-1205.

[6] Chang C C, Warren D S, Sacksteder KA & Gould S J. *PEX12* interacts with *PEX5* and *PEX10* and acts downstream of receptor docking in peroxisomal matrix protein import. *J Cell Biol*, 1999, 147: 761-773.

[7] Distel B, Erdmann R, Gould S J, et al. A unified nomenclature for peroxisome biogenesis factors. *J Cell Biol*, 1996, 135: 1-3.

[8] Ecker J H, Erdmann R. Peroxisome biogenesis. *Rev Physiol Biochem Pharmacol*, 2003, 147: 75-121.

[9] Girzalsky W, Rehling P, Stein K, et al. Involvement of Pex13p in Pex14p localization and peroxisomal targeting signal 2-dependent protein import into peroxisomes. *J Cell Biol*, 1999, 144: 1151-1162.

[10] Goh J, Jeon J, Kim K S, et al. The *PEX7*-mediated peroxisomal import system is required for fungal development and pathogenicity in *Magnaporthe oryzae*. *PLoS One*, 2011, 6: e28220.

[11] Gould S J, McCollum D, Spong A P, et al. Development of the yeast *Pichia pastoris* as a model organism for a genetic and molecular analysis of peroxisome assembly. *Yeast*, 1992, 8: 613-628.

[12] Gould S J & Valle D. Peroxisome biogenesis disorders: genetics and cell biology. *Trends Genet*, 2000, 16: 340-345.

[13] Hajra A K & Bishop J E. Glycerolipid biosynthesis in peroxisomes via the acyl dihydroxyacetone phosphate pathway. *Ann NY Acad Sci*, 1982, 386: 170-182.

[14] Hazeu W, Batenburg-Van der Vegte W H & Nieuwdorp P J. The fine structure of microbodies in the yeast *Pichia pastoris*. *Experientia*, 1975, 31: 926-927.

[15] Hiltunen J K, Mursula A M, Rottensteiner H, et al. The biochemistry of peroxisomal β-oxidation in the yeast *Saccharomyces cerevisiae*. *FEMS Microbiol Rev*, 2003, 27: 35-64.

[16] Hu J, Baker A, Bartel B, et al. Plant peroxisomes: biogenesis and function. *Plant Cell*, 2012, 24: 2279-2303.

[17] Kimura A, Takano Y, Furusawa I & Okuno T. Peroxisomal metabolic function is required for appressorium-mediated plant infection by *Colletotrichum lagenarium*. *Plant Cell*, 2001, 13: 1945-1957.

[18] Krisans S K. The role of peroxisomes in cholesterol metabolism. *Am J Resp Cell Mol*, 1992, 7: 358-364.

[19] Lazarow P B, Fujiki Y et al. Biogenesis of peroxisomes. *Annu rev cell biol*, 1985, 1 (1): 489-530.

[20] Lee J R, Jang H H, Park J H, et al. Cloning of two splice variants of the rice PTS1 receptor, OsPex5pL and OsPex5pS, and their functional characterization using pex5-deficient yeast and Arabidopsis. *Plant J*, 2003, 47: 457-466.

[21] Li L, Wang J, Zhang Z, et al. MoPex19, which is essential for maintenance of peroxisomal structure and woronin bodies, is required for metabolism and development in the rice blast fungus. *PloS One*, 2014, 9: e85252.

[22] Maggio-Hall LA & Keller N P. Mitochondrial β-oxidation in *Aspergillus nidulans*. *Mol Microbiol*, 2004, 54: 1173-1185.

[23] Matsumura T, Otera H & Fujiki Y. Disruption of the interaction of the longer isoform of Pex5p, Pex5pL, with Pex7p abolishes peroxisome targeting signal type 2 protein import in mammals. Study with a novel *PEX5*-impaired Chinese hamster ovary cell mutant. *J Biol Chem*, 2000, 275: 21715-21721.

[24] McCollum D, Monosov E & Subramani S. The *pas8* mutant of *Pichia pastoris* exhibits the peroxisomal protein import deficiencies of Zellweger syndrome cells--the *PAS8* protein binds to the COOH-terminal tripeptide peroxisomal targeting signal, and is a member of the TPR protein family. *J Cell Biol*, 1993, 121: 761-774.

[25] Nagan N & Zoeller R A. Plasmalogens: biosynthesis and functions. *Prog Lipid Res*, 2001, 40: 199-229.

[26] Otera H, Okumoto K, Tateishi K, et al. Peroxisome targeting signal type 1 (PTS1) receptor is involved in import of both PTS1 and PTS2: studies with *PEX5*-defective CHO cell mutants. *Mol Cell Biol*, 1998, 18: 388-399.

[27] Otera H, Harano T, Honsho M, et al. The mammalian peroxin Pex5pL, the longer isoform of the mobile peroxisome targeting signal (PTS) type 1 transporter, translocates the Pex7p · PTS2 protein complex into peroxisomes via its initial docking site, Pex14p. *J Biol Chem*, 2000,

275，21703-21714.

[28] Poirier Y，Antonenkov V D，Glumoff T & Hiltunen J K. Peroxisomal β-oxidation-a metabolic pathway with multiple functions. *Biochim Biophys Acta*，2006，1763：1413-1426.

[29] Purdue P E，Yang X & Lazarow P B. Pex18p and Pex21p，a novel pair of related peroxins essential for peroxisomal targeting of the PTS2 pathway. *J Cell Biol*，1998，143：1859-1869.

[30] Ramos-Pamplona M & Naqvi N I. Host invasion during rice-blast disease requires carnitine-dependent transport of peroxisomal acetyl-CoA. *Mol Microbiol*，2006，61：61-75.

[31] Subramani S. Protein import into peroxisomes and biogenesis of the organelle. *Annu Rev Cell Biol*，1993，9：445-478.

[32] Subramani S，Koller A & Snyder W B. Import of peroxisomal matrix and membrane proteins. *Annu Rev Biochem*，2000，69：399-418.

[33] Thines E，Weber R W & Talbot N J. MAP kinase and protein kinase A-dependent mobilization of triacylglycerol and glycogen during appressorium turgor generation by *Magnaporthe grisea*. *Plant Cell*，2000，12：1703-1718.

[34] Titorenko V I & Rachubinski R A. The life cycle of the peroxisome. *Nat Rev Mol Cell Biol*，2001，2：357-368.

[35] Van der Klei I J & Veenhuis M. Yeast and filamentous fungi as model organisms in microbody research. *Biochim Biophys Acta*，2006，1763：1364-1373.

[36] Wanders R J & Waterham H R. Biochemistry of mammalian peroxisomes revisited. *Annu Rev Biochem*，2006，75：295-332.

[37] Waterham H R & Ebberink M S. Genetics and molecular basis of human peroxisome biogenesis disorders. *BBA-Mol Basis Dis*，2012，1822（9）：1430-1441.

[38] Wang J Y，Zhang Z，Wang Y L，et al. *PTS1* peroxisomal import pathway plays shared and distinct roles to *PTS2* pathway in development and pathogenicity of *Magnaporthe oryzae PloS One*，2013，8：e55554.

[39] Wang Z Y，Soanes D M，Kershaw M J & Talbot N J. Functional analysis of lipid metabolism in *Magnaporthe grisea* reveals a requirement for peroxisomal fatty acid β-oxidation during appressorium-mediated plant infection. *Mol Plant Microbe Interact*，2007，20：475-491.

[40] Weber R W S，Wakley G E，Thines E & Talbot N J. The vacuole as central element of the lytic system and sink for lipid droplets in maturing appressoria of *Magnaporthe grisea*. *Protoplasma*，2001，216：101-112.

第三章

転录调节子 MoSom1 磷酸化位点 Ser227
对稻瘟病菌致病性的分子功能研究

3.1 引言

在许多植物病原真菌中，cAMP-PKA 信号途径在调控细胞的生长发育、形态发生和致病等过程中起重要作用（Kronstad et al.，2011）。cAMP 主要通过激活 PKA 来催化靶蛋白磷酸化进行信号传导（Adachi & Hamer，1998）。腺苷酸环化酶产生的 cAMP 与 cAMP 依赖性激酶 PKA 结合后，引起 PKA 催化亚基 CPKA 的释放（Choi & Dean，1997），活化的催化亚基可能激活磷酸化级联过程进入细胞核将目标蛋白磷酸化（Mochly-Rosen，1995）。cAMP-PKA 信号途径调控网络在酿酒酵母中已有较为详细的研究（见第一章 1.3.1.1）。对稻瘟病菌中 cAMP-PKA 信号途径及其上游调控也有较为深入的了解（见第一章 1.3.1.2），然而对其下游的基因调控网络及分子机制尚不十分清楚。MoSom1 可以功能互补酵母 $\Delta flo8$ 突变体，作为稻瘟病菌 cAMP-PKA 途径下游的一个重要转录调节因子，调控着稻瘟病菌的形态分化和致病过程（Yan et al.，2011）。然而，MoSom1 和 PKA 之间的确切相互作用尚不清楚。在本项研究中，对 MoSom1 中预测的 PKA 磷酸化位点进行了点突变分析。结果发现 MoSom1 的第 227 位丝氨酸是关键的

PKA磷酸化位点，并在稻瘟病菌侵染相关形态结构的发育和致病过程中发挥着重要作用。

3.2 材料与方法

3.2.1 供试菌株

稻瘟病菌（*Magnaporthe oryzae*）野生型菌株 Guy11、有性生殖测试菌株 TH3、农杆菌菌株 AGL1、突变体菌株 $\Delta cpkA$ 由英国 Talbolt 实验室惠赠，由本实验室保存。

大肠杆菌菌株 DH5α 购买于 Transgen-杭州索莱尔博奥技术有限公司。

芽殖酵母（*Saccharomyces cerevisiae*）营养缺陷型菌株 AH109(购买于 Clontech) 及各类转化子，由本实验室保存。

3.2.2 供试植物材料

水稻品种：感病水稻 Co39(Oryza sativa cv Co39)

大麦品种：感病大麦 （cv. Golden promise）

洋葱：购自蔬菜市场

3.2.3 质粒载体

质粒 pKOV21 载体，由中国农业大学彭友良教授实验室惠赠。

质粒 pCB1532 载体、质粒 pCAMBIA 1300 载体由英国 Talbolt 教授实验室惠赠。

质粒 pTrpC1532 载体，由南京农业大学张正光教授实验室惠赠。

质粒 pRFP-PTS1、pGFP-PMP47 载体由浙江省农科院王教瑜副教授实验室惠赠。

3×flag 表达载体 HZ126 购买于 Clontech 公司。

克隆载体 pGEM-T-easy，购于 Promega 上海胜兆生物技术有限公司。

酵母双杂交载体 pGADT7、pGBKT7、pGBKT7-53、pGBKT7-Lam 购买于 Clontech 公司。

3.2.4 筛选抗生素

细菌：氨苄青霉素（Ampicilline）购于上海生工生物，溶于 ddH_2O 中（100mg/ml）；卡那霉素（Kanamycin）购于上海生工生物，溶于 ddH_2O 中（50mg/ml）；头孢氨苄霉素（Cefotaxime）购于上海生工生物，溶于 ddH_2O 中（200mg/ml）；链霉素（Streptomycin）购于上海生工生物，溶于 ddH_2O 中（60mg/ml）。以上抗生素水溶液需 $0.22\mu m$ 过滤灭菌，$-20℃$ 保存。

真菌：潮霉素 B(Hygromycin) 购于 Roche-杭州汉城生物技术有限公司，50mg/ml 瓶装液体试剂；新霉素 G418 硫酸盐购于美国 Amersco 公司；博来霉素购于 Invitrogen 公司；氯嘧磺隆（Chlorimuron-ethyl，50mg/ml DMF 溶液）$-20℃$ 保存。

3.2.5 分子生物学试剂

3.2.5.1 DNA 操作相关试剂与来源

试剂名称	购买公司
快速 PCR 扩增 2×Mix	杭州菜枫生物科技有限公司
LA taq 聚合酶	TaKaRa——宝生物工程（大连）有限公司
Phanta® 高保真 DNA 聚合酶	Vazyme

限制性内切酶	TaKaRa
ClonExpress 单片段一步法克隆试剂盒	Vazyme
ClonExpress 多片段一步法克隆试剂盒	Vazyme
质粒提取试剂盒	杭州莱枫生物科技有限公司
胶回收试剂盒	杭州莱枫生物科技有限公司
地高辛 Southern 杂交试剂盒	Roche
实时荧光定量试剂盒	Promega
RNase A	杭州莱枫生物科技有限公司

3. 2. 5. 2 RNA 操作相关试剂与来源

试剂名称	购买公司
PureLink RNA 微量提取试剂盒	nvitrogen
PrimeScript RT 反转录试剂盒	TaKaRa-宝生物工程（大连）有限公司

3. 2. 5. 3 蛋白质操作相关试剂与来源

试剂名称	购买公司
蛋白酶抑制剂	上海生工生物
磷酸酶抑制剂 2	Sigma
磷酸酶抑制剂 3	Sigma
Anti-GFP 抗体	Abcam
Anti-p44/42 MAPK 抗体	Cell signaling technology
Phospho p44/42 MAPK 抗体	Cell signaling technology
牛血清白蛋白	上海生工生物
PMSF	上海生工生物

3.2.6 培养基和试剂

3.2.6.1 培养基

(1) 稻瘟病菌培养相关培养基

① MM(1L)

葡萄糖	10g
20×硝酸盐	50ml
1000×微量元素	1ml
1000×维生素溶液	1ml

10mol/L NaOH 调 pH 至 6.5。充分搅拌，加去离子水定容至 1L，高温高压灭菌。固体培养基含 1.5% 琼脂。

其中 20×硝酸盐配方（1L）：

$NaNO_3$	120g
KCl	10.4g
$MgSO_4 \cdot 7H_2O$	10.4g
KH_2PO_4	30.4g

1000×微量元素配方（100ml）：

$ZnSO_4 \cdot 7H_2O$	2.2g
H_3BO_3	1.1g
$MnCl_2 \cdot 4H_2O$	0.5g
$FeSO_4 \cdot 7H_2O$	0.5g
$CoCl_2 \cdot 6H_2O$	0.17g
$CuSO_4 \cdot 5H_2O$	0.16g
$Na_2MoO_4 \cdot 5H_2O$	0.15g
Na_4EDTA	5g

1000×维生素溶液配方（100ml）

维生素 H	0.01g
维生素 B_6	0.01g

维生素 B_1 0.01g

维生素 B_2 0.01g

对氨基苯甲酸   0.01g

烟酸   0.01g

② **CM(1L)**

葡萄糖	10g
酵母提取物	1g
蛋白胨	2g
酪蛋白水解物	1g
20×硝酸盐	50ml
微量元素	1ml
维生素溶液	1ml

10mol/L NaOH 调 pH 至 6.5，高温高压灭菌，固体培养基含1.5%琼脂。

③ **OCM(1L)**

蔗糖	200g
酵母提取物	1g
蛋白胨	2g
酪蛋白水解物	1g
20×硝酸盐	50ml
微量元素	1ml
维生素溶液	1ml

10mol/L NaOH 调 pH 至 6.5，高温高压灭菌，固体培养基含1.5%琼脂。

④ **BDCM(1L)**

YNB	1.7g
/酵母氮源基础（不含氨基酸）	
L-天冬酰胺	1g

硝酸铵	2g
蔗糖	273.8g

1mol/L Na_2HPO_4 调 pH 至 6.0，高温高压灭菌，固体培养基含 1.5%琼脂。

⑤ **BDCM-overlay(1L)**

YNB	1.7g
/酵母氮源基础（不含氨基酸）	
L-天冬酰胺	1g
硝酸铵	2g
葡萄糖	10g

1mol/L Na_2HPO_4 调 pH 至 6.0，高温高压灭菌，固体培养基含 1.5%琼脂。

⑥ **OMA 燕麦培养基（1L）**：称取 40g 燕麦片，置于盛有 800ml 水的锅中加热，待水沸腾后煮 30min，用纱布过滤取汁，加水定容至 1L，分装时加入 1.6%琼脂，高温高压灭菌。

（2）细菌培养相关培养基

LB 培养基（1L）：

胰蛋白胨	10g
酵母提取物	5g
NaCl	5g
10mol/L NaOH 调 pH	至 7.0

分别称取以上试剂于 800ml 的去离子水中，搅拌至完全溶解，加去离子水定容至 1L，高温高压灭菌。固体培养基含 1.5%琼脂。

3.2.6.2 试剂配方

（1）稻瘟病菌的转化试剂

崩溃酶溶液：用 0.7mol/L NaCl 配制，0.22μm 过滤器过滤除菌。

0.7mol/L NaCl(1L)：40.908g NaCl，高温高压灭菌。

STC(1L)：分别称量 10ml 1.0mol/L Tris-Cl（pH7.5）、218.604g 山梨醇、5.5495g $CaCl_2$ 溶于 800ml 去离子水中，定容至 1L，高温高压灭菌。

PTC(100ml)：60g 聚己二醇 3350、10ml 1.0mol/L Tris-Cl（pH7.5）、0.55g $CaCl_2$，高温高压灭菌。

（2）基因组 DNA 提取试剂

① DEB（1L）：200mmol/L Tris-HCl（pH7.5）、50mmol/L EDTA、200mmol/L NaCl、1% SDS。

1mol/L Tris-HCl(pH7.5)	200ml
0.5mol/L EDTA	100ml/20.8g
NaCl	11.688g
SDS	10g

② 2 × CTAB（1L）：分别称量 10ml 1.0mol/L Tris-Cl（pH8.0）、40ml 0.5mol/L EDTA（pH8.0）、81.8g NaCl 及 20g CTAB 溶于 800ml 去离子水中，定容至 1L，37℃过夜溶解；高温高压灭菌，室温保存。

③ 70%乙醇：将无水乙醇和 ddH_2O 按 7∶3 的体积比例充分混匀。

（3）Western blot 试剂

① 蛋白裂解缓冲液（1L）：50mmol/L Tris-HCl（pH7.4）、150mmol/L NaCl、1mmol/L EDTA、1% Triton X-100。使用前加入蛋白抑制剂：PMSF、亮肽素、抑肽素。

② 10mmol/L PMSF(10ml)：0.174g PMSF 溶于 10ml 异丙醇，溶解后分装至 1.5ml 离心管中，−20℃保存。

③ 10% SDS(100ml)：称取 10g SDS 溶解于 80ml 去离子水中，50℃水浴溶解，定容至 100ml；室温保存。

④ 10% APS(过硫酸铵)：称取 0.1g APS 溶解于 1ml 去离子

水中；完全溶解后，4℃保存（保存时间1周）。

⑤ 0.5mol/L Tris-HCl（pH6.8）：称取 15.14g Tris 溶解于 200ml 去离子水中，浓盐酸调 pH 至 6.8，搅拌均匀定容至 250ml。

⑥ 1.5mol/L Tris-Cl（pH8.8）：称取 45.43g Tris 溶解于 200ml 去离子水中，浓盐酸调 pH 至 8.8，搅拌均匀定容至 250ml。

⑦ 5×Tris-甘氨酸缓冲液（1L）：分别称取 94g 甘氨酸、15.1g Tris、5g SDS 于 800ml 去离子水中，搅拌均匀加水将溶液定容至 1L，室温保存。

⑧ 1×电泳缓冲液（1L）：量取 200ml 5×Tris-甘氨酸缓冲液，加水定容至 1L，室温保存。

⑨ 转膜缓冲液（1L）：分别称量 5.8g Tris、2.9g 甘氨酸、0.37g SDS 于 600ml 去离子水中，搅拌均匀定容至 800ml，加入 200ml Methal，室温保存。

⑩ 1×TBS-T 缓冲液（1L）：称取 8.76g NaCl、6.05g Tris，调 pH 至 7.5 后加入 1ml 吐温 20，4℃保存。

⑪ 封闭缓冲液：称取 5g 脱脂奶粉，加入 100ml TBS-T 中充分搅拌溶解，现配现用，4℃保存。

（4）接种试剂。0.025% 吐温：25μl 吐温 20，加水定容至 100ml。

（5）其他试剂：

① 0.5mol/L EDTA（pH8.0，1L）：186.1g Na_2EDTA·H_2O 溶于 800ml ddH$_2$O 后，用 NaOH 调节 pH 至 8.0（约 20g NaOH），定容至 1L，高温高压灭菌，室温保存。

② 50×TAE 缓冲液（1L）：242g Tris、37.2g Na_2EDTA·H_2O 溶于 800ml ddH$_2$O，加入 57.1ml CH_3COOH，搅拌均匀后，定容至 1L，室温保存；工作液需稀释 50 倍后使用。

3.2.7   常规分子生物学实验方法

3.2.7.1   PCR 技术

（1）常规 PCR 反应

反应体系：

DNA 模板	1 μl(10～200ng)
10μmol/L 引物 F	1μl
10μmol/L 引物 R	1μl
LA-Taq 聚合酶	0.5μl
5×缓冲液	10μl
dNTP 混合物	4μl
ddH$_2$O 至	50μl

反应程序：

a.	94℃预变性	4min
b.	94℃变性	30s
c.	55～65℃退火	30s
d.	72℃延伸	1min/kb
e.	2～4 步循环	28～32 个循环
f.	72℃总延伸	10 min

不同的 DNA 聚合酶可根据说明书调整反应体系和反应程序。

（2）大量快速 PCR 反应

DNA 模板或细菌菌落	1μl
2×Mix	12.5μl
10μmol/L 引物 F	0.5μl
10μmol/L 引物 R	0.5μl
ddH$_2$O 至	25μl

反应程序同常规 PCR 反应。

（3）实时荧光定量 PCR（qRT-PCR）反应   本实验操作按照

Promega SYBR PrimeScript RT-PCR 试剂盒操作步骤进行。

① 反应仪器：BIO-RAD CFX96™ real-time system

② 反应体系：

cDNA 模板	$1\mu l$
10 $\mu mol/L$ 引物 F	$0.5\mu l$
10 $\mu mol/L$ 引物 R	$0.5\mu l$
2×Go Taq qPCR 混合液	$10\mu l$
ddH_2O 至	$20\mu l$

③ 反应程序：

a. 95℃	3min
b. 95℃	15s
c. 56℃	15s
d. 72℃	20s
e. 2～4 步	39 个循环
f. 溶解曲线	55～95℃

（4）限制性内切酶酶切

DNA 样品（≈$2\mu g$）	$10\mu l$
限制性内切酶	$2\mu l$
10×缓冲液	$5\mu l$
ddH_2O 至	$50\mu l$

37℃水浴 3～4h，若是快切酶可根据说明书调整酶切时间。

（5）酶切片段的去磷酸化

酶切混合物	$30\mu l$
10×SAP 缓冲液	$5\mu l$
SAP(10 U/μl, Promega)	$2\mu l$
ddH_2O 至	$50\mu l$

37℃水浴 1h 后，70℃ 30min。

（6）连接反应（$10\mu l$）

PCR 产物	$3\mu l$
pGEM-T easy 载体（50ng）	$1\mu l$
2×快速连接缓冲液	$5\mu l$
T4 DNA 连接酶	$1\mu l$

4℃或 16℃反应过夜。

（7）热激转化

① 取出热激感受态细胞（DH5α），置于冰上，待其完全融化。

② 将热激感受态细胞加入到待转化的连接产物中，混合均匀后，冰上静置 30min。

③ 42℃水浴 45s，迅速冰浴 3min。

④ 加入 500μl LB 液体培养基，37℃、200r/min 摇培 30min～1h。

⑤ 在超净工作台内，将摇培好的菌液均匀涂布在含有筛选抗生素的 LB 平板上，37℃倒置培养 8～12h。

（8）质粒 DNA 提取

操作步骤按照 Axygen 质粒提取试剂盒进行：

① 取 1.5～2ml 菌液于 2ml 离心管中，12000r/min 离心 1min，集菌。

② 弃上清，加入 250μl 含 RnaseA 的缓冲液 P1，振荡器震荡，将菌体悬浮。

③ 加入 250μl 缓冲液 P2，温和颠倒混匀 3～5 次。

④ 加入 350μl 缓冲液 P3，温和颠倒混匀 4～6 次，稍静置后，12000r/min，室温离心 10min。

⑤ 小心吸取上清于吸附柱中，稍静置后，12000r/min，室温离心 1min。

⑥ 弃滤液，将吸附柱重新放于收集管中，加入 500 μl W1（洗脱缓冲液 1），12000r/min 室温离心 1min。

⑦ 弃滤液，将吸附柱重新放于收集管中，加入 700μl W2（洗脱缓冲液 2），12000r/min 室温离心 1min。

⑧ 弃滤液，将吸附柱重新放于收集管中，12000r/min 室温空离心 1min。

⑨ 将吸附柱放于新的 1.5ml 离心管中，向膜中央加入 $50\sim100\mu l$ 65℃预热的 ddH$_2$O。室温静置 2min，12000r/min 室温离心 1min，弃吸附柱，-20℃保存。

(9) DNA 凝胶回收　操作步骤按照 Axygen 凝胶回收试剂盒进行：

① 切取含目的 DNA 片段的凝胶置于 1.5ml 离心管中，称重。

② 加入 3 倍凝胶体积（凝胶体积换算：$100mg=100\mu l$）的 DE-A，75℃或 65℃温育，间断混合。

③ 加入 0.5 个 DE-A 体积的 DE-B，混匀（当分离的 DNA 片段小于 400bp 时，需再加入一个凝胶体积的异丙醇）。

④ 将混合液转移至纯化柱中，室温静置 2min，12000r/min 离心 1min。

⑤ 可将混合液再次转入纯化柱中，12000r/min 离心 1min，重复收集以提高 DNA 的回收量（可选）。

⑥ 弃滤液，加入 $500\mu l$ 的 W1，12000r/min 离心 30s。

⑦ 弃滤液，加入 $700\mu l$ 的 W2（洗脱缓冲液 2 初次使用前需按照试剂瓶上指定的体积加入无水乙醇，混合均匀），12000r/min 离心 30s；

⑧ 弃滤液，空管 12000r/min 离心 1min，以去除膜上残留的洗涤液。

⑨ 将吸附柱置于新的 1.5ml 离心管，向膜中央加入 $15\sim30\mu l$ 65℃预热的 ddH$_2$O，静置 2min 后，12000r/min 离心 1min，弃吸附柱，-20℃保存。

(10) 小量提取稻瘟菌基因组 DNA

① 在超净工作台中用牙签刮取适量菌丝，放入 1.5ml 离心管中。

② 加入钢珠和 $500\mu l$ 的 DEB，在 DNA 研磨仪上研磨 1min。

③ 4℃，12000r/min 离心 10min。

④ 吸取上清，转入新的 1.5ml 离心管中，加入等体积的异丙醇，颠倒混匀后，4℃，12000r/min，离心 10min。

⑤ 弃上清，用 70%乙醇洗涤两遍，无水乙醇洗涤一遍，晾干。

⑥ 将沉淀溶于 $30\mu l$ ddH$_2$O 中，于-20℃下保存。

(11) 大量提取稻瘟菌基因组 DNA

① 将液体 CM 摇培 48h 的稻瘟菌菌丝抽干，收集菌丝，放入液氮中速冻。

② 将液氮速冻的菌丝放于研钵中，加液氮将其充分研磨成粉末。

③ 将粉末转入盛有 15ml 预热好的 $2\times$CTAB 的 50ml 离心管中，充分混匀；在 65℃水浴中温浴 30min，间隔 5min 缓慢混匀 1 次，混匀时注意小心液体喷出。

④ 待离心管中液体自然冷却后，在通风橱中加入等体积的苯酚：氯仿 (1∶1)，充分混匀；4℃，12000r/min 离心 10min。

⑤ 小心吸取上清，移入新的 50ml 离心管中加入等体积的苯酚：氯仿 (1∶1)，颠倒混匀；4℃，12000r/min 离心 10min。

⑥ 小心吸取上清，转入新的 50ml 离心管中，加入等体积的氯仿，颠倒混匀；4℃，12000r/min 离心 10min。

⑦ 小心吸取上清，移入新的 50ml 离心管中，加入 0.6 倍体积的异丙醇，-20℃沉淀 30min，4℃，12000r/min 离心 10min。

⑧ 弃上清，用预冷的 70%乙醇洗涤沉淀两遍，预冷的无水乙醇洗涤一遍，晾干；溶于 1ml TE/RNase 中（RNase 的浓度为 $100\mu g/ml$），-20℃保存。

(12) 稻瘟菌总 RNA 的提取　操作步骤按照 Invitrogen RNA 提取试剂盒试剂盒进行：

① 收集样品，液氮研磨至粉状。

② 转移至预冷的 1.5ml 管中，立刻加入 1ml Lysis 缓冲液和 10μl β-巯基乙醇（需在通风处中加）。

③ 高速震荡 45s，2600r/min 离心 5min。

④ 将上清转移至新管，加 0.5 倍体积无水乙醇，转移至离心柱（大）。

⑤ 12000r/min 离心 15s(30s)，弃废液，再加样，直至收集完全（2 次），700μl/次。

⑥ 加 350μl 洗脱缓冲液 I，12000r/min 离心 15s，室温，弃废液。

⑦ 加 80μl Dnase 混合物（8μl 缓冲液、2μl Dnase I、1μl PRR、69μl H_2O），室温下 15min(可省)。

⑧ 加 350μl 洗脱缓冲液 I，室温下 12000r/min 离心 15s，弃废液，换收集管。

⑨ 加 500μl 洗脱缓冲液 II（加乙醇），12000r/min 离心 15s，弃废液，重复一次。

⑩ 12000r/min 离心 1min(空甩)，换收集管（试剂盒内 1.5ml 离心管）。

⑪ 加 30~300μl(40μl) 水，室温 1min 静置。

⑫ 最大转速离心 1min，置于-80℃保存。

(13) 合成 cDNA　按照 TaKaRa 反转录试剂盒进行。

反应体系：

总 RNA($\approx$1μg)	1~5μl
gDNA 消除液	1μl
5×g DNA 消除缓冲液	2μl
RNase-free H_2O 至	10μl

在冰上配反应体系，混匀后，42℃水浴 2min，迅速放于冰上，依次加入以下试剂：

1 的反应液	10μl

RT 引物混合物   1μl

PrimeScript®RT 酶复合物 I   1μl

PrimeScript® 缓冲液 2   4μl

RNase-free H_2O 4μl

PCR 仪上 37℃ 15min，85℃ 5s，反应完成后迅速置于冰上，置于－20℃保存备用。

（14）稻瘟菌总蛋白的提取

① 将液体 CM 摇培 48h 的稻瘟菌菌丝抽干，收集菌丝，放入液氮中速冻。

② 在 1.5ml 的离心管中加入 1ml 蛋白提取液（含亮肽素、PMSF 和抑肽素）置于冰上，再加入 0.3g 菌丝。

③ 在振荡器上振荡，每个样品 2～3 次。

④ 4℃、12000r/min，离心 20 min，上清即为总蛋白，吸取 50μl 转入新的 EP 管中，在通风厨中加入 50μl 2×蛋白上样缓冲液，混匀后，沸水浴 5min，冰上冷却 5min，即可用于 Western blot，如不立即使用，－20℃保存。

（15）Western blot

① 不同浓度 PAGE 胶的配方（表 3-1）：

表 3-1　不同浓度 PAGE 胶的配方

试剂	10ml 分离胶浓度					5ml 5%浓缩胶/ml
	6%	8%	10%	12%	15%	
ddH_2O	5.3	4.6	4.0	3.3	2.3	3.4
30%丙烯酰胺	2	2.7	3.3	4.0	5.0	0.83
1.5mol/L Tris, pH8.8	2.5	2.5	2.5	2.5	2.5	—
0.5mol/L Tris, pH6.8	—	—	—	—	—	0.63
10%SDS	0.1	0.1	0.1	0.1	0.1	0.05
10%APS	0.1	0.1	0.1	0.1	0.1	0.05
TEMED	0.008	0.006	0.004	0.004	0.004	0.005

② 制胶：制备 10％或 12.5％（根据目的蛋白的大小选择）SDS-PAGE 蛋白胶。

③ 电泳：将配置好的胶至于电泳槽中，倒入 1×电泳缓冲液至指定液面高度。先在 80V 下电泳，浓缩蛋白，然后改用 120V 电泳，分离蛋白，电泳时间据目的蛋白大小计算，最好让溴酚蓝完全跑出胶。

④ 转膜：将剪好的与胶大小一致的膜置于甲醇中活化。胶在负极，膜在正极。加 1×转膜缓冲液直至淹没膜所在的位置，电转槽置于冰上和搅拌器上，75V、2h，电转。

⑤ 封闭：用 5％脱脂奶粉（用 1×TBS-T 缓冲液配制）在摇床上封闭膜 1h。

⑥ 用 1×TBS-T 缓冲液洗膜 3 次，每次 5min。

⑦ 一抗反应：加一抗，用 1×TBS-T 缓冲液配制的 5％脱脂奶粉将抗体稀释 5000 倍使用（根据抗体推荐的稀释倍数稀释），在摇床上反应 1～2h，也可 4℃过夜。

⑧ 洗膜：用 1×TBS-T 缓冲液洗膜 3 次，每次 5min。

⑨ 二抗反应：加二抗，根据一抗来源选择合适的二抗（用 1×TBS-T 缓冲液配制的 5％脱脂奶粉稀释 10000 倍使用），在摇床上反应 1h。

⑩ 洗膜：用 1×TBS-T 缓冲液洗膜 3 次，每次 5min。

⑪ 利用弗德试剂盒按两种液体 1ml∶1ml 均匀混合，然后用移液器加至膜正面染 5min。在 ChemiDoc™ MP 成像系统检测结果。

3.2.8　稻瘟菌常用实验方法

3.2.8.1　稻瘟病菌载体构建

本研究载体构建是利用一步法克隆试剂盒，分单片段或多片段体外融合进行：

（1）制备线性化载体　选择合适的克隆位点，并对克隆载体进行线性化。

（2）单片段融合的插入片段扩增引物设计

① 插入片段正向扩增引物设计方式为：5′┈上游载体末端同源序列＋基因特异性正向扩增序列┈3′。

② 插入片段反向扩增引物设计方式为：3′┈基因特异性反向扩增序列＋下游载体末端同源序列┈5′。

（3）多片段融合的插入片段扩增引物设计

① 第一片段正向扩增引物设计方式为：5′┈上游载体末端同源序列＋基因特异性正向扩增序列┈3′。

② 第一片段反向扩增引物设计方式为：3′┈第一片段基因特异性反向扩增序列＋第二片段5′同源序列┈5′。

③ 第二片段正向扩增引物设计方式为：5′┈第二片段基因特异性正向扩增序列┈3′。

④ 第二片段反向扩增引物设计方式为：3′┈第二片段基因特异性反向扩增序列＋第三片段5′同源序列┈5′。

⑤ 第三片段正向扩增引物设计方式为：5′┈第三片段基因特异性正向扩增序列┈3′。

⑥ 第三片段反向扩增引物设计方式为：3′┈基因特异性反向扩增序列＋下游载体末端同源序列┈5′。

（4）插入片段PCR扩增　插入片段可用任意PCR酶扩增，本研究选用Phanta®高保真DNA聚合酶扩增。

（5）单片段体外融合重组反应

5×CEⅡ缓冲液	$4\mu l$
线性化克隆载体	$50\sim200ng$
插入片段扩增产物	$20\sim200ng$
Exnase™Ⅱ	$2\mu l$
ddH$_2$O 至	$20\mu l$

最适克隆载体使用量＝（0.02×克隆载体碱基对数）ng

最适插入片段使用量＝(0.04×插入片段碱基对数)ng

（6）多片段体外融合重组反应

5×CE MultiS 缓冲液	4μl
线性化克隆载体	×ng
插入片段扩增产物	×ng
Exnase™MultiS	2μl
ddH$_2$O 至	20μl

多片段体外融合反应体系中，每片段(包括线性化克隆载体)最适使用量＝(0.02×片段碱基对数)ng。

（7）37℃水浴30min，迅速置于冰上。反应产物可直接转化，也可储存在－20℃。待转化时解冻使用。

（8）克隆鉴定　用无菌的牙签将单菌落挑至50μl LB培养基中混匀，直接取1μl作为PCR模板，将PCR阳性菌落的剩余菌液接种至含有相应抗生素的LB培养基中培养过夜，提取质粒做后续的鉴定。

3.2.8.2　稻瘟病菌原生质体转化

（1）原生质体的制备：将摇培48h的菌丝体用含四层灭菌擦镜纸的漏斗过滤，收集菌丝体。用0.7mol/L NaCl溶液冲洗菌丝体，然后将其转移至灭菌的50ml离心管中。每克菌丝加入约1ml的崩溃酶渗透液（含20mg/ml崩溃酶，用0.7mol/L氯化钠配制）和9ml 0.7mol/L NaCl溶液。在28℃、160r/min酶解2～3h后。用4℃预冷的0.7mol/L NaCl洗涤菌丝体，用含四层灭菌擦镜纸的漏斗过滤，收集原生质体，4℃、3000r/min离心15min，弃上清，用25ml左右的STC洗涤原生质体，然后用STC将原生质体浓度调节至(6～8)×10^{7}个/ml。

（2）转化敲除载体　分装原生质体，每管900μl，加入等体积的质粒（9～12μg）与STC溶液的混合液，冰上放置20min后。

逐滴缓慢加入 PTC 溶液（2ml/管），冰上静止 15～20min 后，加入 5～20ml OCM（敲除转化用）或 BDCM（互补转化用）液体培养基，28℃，100r/min 摇床培养约 12～13h。

（3）铺板　培养 12～13h 后，将其倒入 OCM（敲除转化用）或 BDCM（互补转化用）固体培养基，混匀，倒平板。待其凝固后，覆盖上含相应抗性的 CM（敲除转化用）或 BDCM-overlay（互补转化用）固体培养基，28℃培养 5～7d。

（4）敲除筛选　将长出的转化子转至 CM 培养基（含 400μg/ml 新霉素）上，25℃培养 2～3d 后，将不抗新霉素的转化子转入 CM 培养基上培养。

3.2.8.3　稻瘟病菌表型测定

（1）菌落形态观察和生长速度的测定　将稻瘟菌野生型菌株 Guy11 及待测菌株分别接种于 CM 板上，25℃培养 10d 后，用直径为 5mm 的打孔器在菌落边缘打菌饼，然后用牙签将菌饼接种到 CM 平板中央，菌丝面朝下，每个菌株设三个重复。25℃光照培养箱倒置培养。培养 10d 后，拍照并测量菌落直径。

（2）产孢量的测定　将稻瘟菌野生型菌株 Guy11 和待测菌株分别接种在 CM 板上，培养 10d 后，用 30ml 自来水彻底洗下平板上所有的孢子，收集在 50ml 的离心管中。颠倒混匀后用血细胞计数板计数，重复 3 次，取平均值。计算出每个平板中分生孢子的总数。

（3）分生孢子形态观察　用刀片切取新鲜菌落边缘的菌丝块，倒置放在载玻片上，保湿培养 12～24h 后，将载玻片置于光学显微镜下，10×物镜下观察并拍照。

（4）附着胞诱导

① 用 4 层擦镜纸过滤收集培养 10d 左右的分生孢子，5000r/min 离心 5min；

② 弃上清，5000r/min 离心 5min，此步骤重复 2～3 次；

③ 用无菌水将分生孢子悬浮液浓度调至 (5～10)×10^4 个/ml；

④ 将分生孢子悬浮液点接到疏水膜表面（GelBond film）；

⑤ 不同时间点观察并统计分生孢子的附着胞形成率。

（5）致病性的测定　常用的致病性测定方法有活体喷雾接种、离体划伤接种。具体操作如下：

① 活体喷雾接种：用 0.025% Tween-20 收集培养 10d 的分生孢子，经三层擦镜纸过滤后，调节孢子浓度至 5×10^4 个/ml。用喷泵将 7～8ml 的孢子悬浮液均匀喷洒于水稻叶片上（生长 2 周）。保湿，黑暗培养 36h 后。保湿、光照培养期间注意要喷水保湿。5d 后，拍照并记录水稻的发病情况。

② 离体划伤叶片接种：剪取生长两周的水稻新叶的中间部分做划伤实验。用酒精灯烧过的挑针在水稻叶片正面轻轻划几下，注意用力不要过猛，避免将叶片划破。然后将划过的叶片放入铺有吸水纸的培养皿中（注意叶片与吸水纸之间应放几根塑料棒隔离，避免叶片变黄）。切取培养 10d 的新鲜菌落的外缘取菌丝块，将其正面朝下接种在水稻叶片的划伤处，每个叶片一般接种 3 个菌丝块。28℃黑暗保湿培养 36h 后，光照培养 48～72h。观察并记录水稻叶片的发病情况。

3.3　结果与分析

3.3.1　预测位点缺失突变体的表型分析

生物信息学分析发现 MoSom1 中有 8 个预测的 PKA 磷酸化位点，它们分别是 T151、S188、S227、S228、S512、T603、T629 和 S642。本实验室徐林硕士获得了这几个位点的点缺失突变体并进行了初步的表型分析。笔者在此基础上进行了进一步的表型确认。研究结果表明：只有 $\Delta Mosom1 / MoSOM1^{\Delta 227,228}$ 转化子不能产生分生孢子，并对大麦叶片无致病性；其他点缺失转化子均能侵染大麦并能部分恢复产孢（图 3.1）。由此表明，第 227 位和第 228 位氨基酸可能是 MoSom1 的关键 PKA 磷酸化位点。

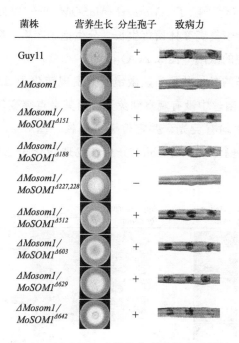

菌株	营养生长	分生孢子	致病力
Guy11		+	
$\Delta Mosom1$		−	
$\Delta Mosom1 / MoSOM1^{\Delta 151}$		+	
$\Delta Mosom1 / MoSOM1^{\Delta 188}$		+	
$\Delta Mosom1 / MoSOM1^{\Delta 227,228}$		−	
$\Delta Mosom1 / MoSOM1^{\Delta 512}$		+	
$\Delta Mosom1 / MoSOM1^{\Delta 603}$		+	
$\Delta Mosom1 / MoSOM1^{\Delta 629}$		+	
$\Delta Mosom1 / MoSOM1^{\Delta 642}$		+	

图 3.1 *MoSOM1* 点缺失突变体的表型分析

3.3.2 *MoSOM1* 点突变转化子的表型分析

上述点缺失实验推测第 227 位和第 228 位可能是 MoSom1 的关键 PKA 磷酸化位点。为了进一步分析第 227 位和第 228 位氨基酸作为可能的磷酸化位点的生物学功能，本实验室的徐林硕士构建了模拟非磷酸化（Ala，A：阻断氨基酸残基被磷酸化）和磷酸化（Glu，E：模拟氨基酸残基磷酸化状态）状态的点突变载体 p*Mo-*

$SOM1^{T151A}$-GFP、 p$MoSOM1^{T151E}$-GFP、 p$MoSOM1^{S227A}$-GFP、
p$MoSOM1^{S227E}$-GFP、 p$MoSOM1^{S228A}$-GFP、 p$MoSOM1^{S228E}$-GFP，分别将其转化至 $\Delta Mosom1$ 中并获得正确的转化子。笔者在此基础上对所获得的点突变转化子进行了进一步的表型分析验证，发现点突变转化子除了 $\Delta Mosom1/MoSOM1^{S227A}$ 以外，其余点突变转化子均能恢复突变体菌落生长、分生孢子产生、附着胞形成及致病性上存在的缺陷 [图 3.2（A）]。

令人奇怪的是，共聚焦显微镜观察发现转化子 $\Delta Mosom1/Mo$-$SOM1^{S227A}$ 的菌丝中没有观察到荧光，而其余点突变转化子的分生孢子和菌丝中均有荧光，并定位于细胞核 [图 3.2（A）和图 3.2（C）]。同时进行 Western blot 分析，发现转化子 $\Delta Mosom1/Mo$-

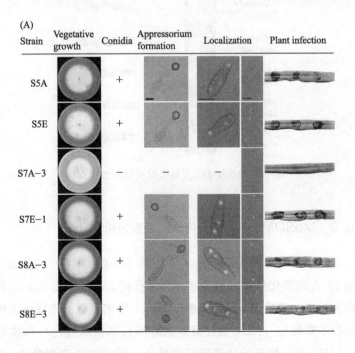

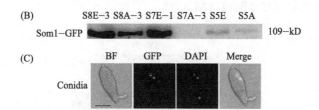

图 3.2 *MoSOM1* 点突变转化子的功能分析

（A）点突变体表型分析；（B）Western blot 分析；（C）分生孢子 DAPI 染色观察

[S5A——$\Delta Mosom1/MoSOM1^{T151}$；S5E——$\Delta Mosom1/MoSOM1^{T151E}$；S7A3——$\Delta Mosom1/$
$MoSOM1^{S227A}$；S7E1——$\Delta Mosom1/MoSOM1^{S227E}$；S8A3——$\Delta Mosom1/MoSOM1^{S228A}$；
S8E3——$\Delta Mosom1/MoSOM1^{S228E}$，Bars=$10\mu m$]

$SOM1^{S227A}$ 中 的 MoSom1^{S227A}-GFP 融 合 蛋 白 没 有 正 常 表 达
[图 3.2(B)]，推测 MoSom1 中的第 227 位点氨基酸突变为 A 后可
能影响了蛋白的构象从而导致 MoSom1 不能正常表达。

3.3.3 MoSom1 中的 S227 位点的磷酸化对于致病性是必需的

由于 MoSom1 中的第 227 位点氨基酸突变为丙氨酸后导致
MoSom1 蛋白不表达，笔者构建了模拟非磷酸化的点突变载体
p*MoSOM1*^{S227V}-GFP。由于 PKA 属于 ST 型激酶，所以又同时
构建了点突变载体 p*MoSOM1*^{S227Y}-GFP，并将其转入 $\Delta Mosom1$
突变体中，获得多个转化子，从中选取转化子 SV-5（$\Delta Mosom1/$
$MoSOM1^{S227V}$-5）、SV-6（$\Delta Mosom1/MoSOM1^{S227V}$-6） 和 SY-6
（$\Delta Mosom1/MoSOM1^{S227Y}$-6）进行后续的实验。

为了确定第 227 位氨基酸突变为缬氨酸和酪氨酸后 Som1 蛋白
是否能正常表达，首先对转化子 SV-5（$\Delta Mosom1/MoSOM1^{S227V}$-
5）、SV-6（$\Delta Mosom1/MoSOM1^{S227V}$-6） 和 SY-6（$\Delta Mosom1/Mo$-
$SOM1^{S227Y}$-6）进行了 Western blot 分析和共聚焦观察。结果发现
第 227 位氨基酸突变为缬氨酸和酪氨酸时 Som1 蛋白能够正常表

达，并且定位在细胞核（图 3.3）。

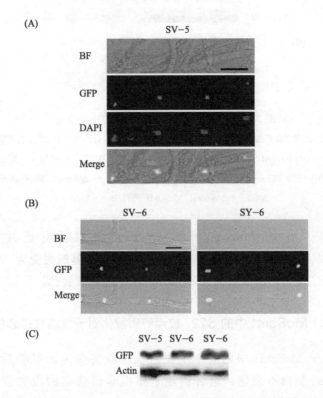

图 3.3　融合蛋白 MoSom1^{S227V}-GFP 和 MoSom1^{S227Y}-GFP 的亚细胞定位

（A）转化子 SV-5 菌丝用 DAPI 染色后在共聚焦显微镜下拍照记录；（B）共聚焦显
微镜观察转化子 SV-6 和 SY-6 菌丝中的荧光分布情况，Bars＝10μm；
（C）Western blot 分析

选取 Guy11、$\Delta Mosom1$、SV-5（$\Delta Mosom1$ /MoSOM1^{S227V}-5）、
SV-6（$\Delta Mosom1$ /MoSOM1^{S227V}-6）和 SY-6（$\Delta Mosom1$ /MoSOM1^{S227Y}-
6）进行了离体接种实验，用菌块分别接种生长 1 周的感病大麦叶
片和生长 2 周的水稻叶片，25℃保湿培养。5d 后观察发现野生型
能产生病斑，而接种 $\Delta Mosom1$、$\Delta Mosom1$ /MoSOM1^{S227V} 和

$\Delta Mosom1/MoSOM1^{S227Y}$ 的大麦和水稻叶片即使延长培养时间也不能观察到病斑；此外，在划伤的大麦和水稻叶片上，敲除体菌株 $\Delta Mosom1$、点突变菌株 $\Delta Mosom1/MoSOM1^{S227V}$ 和 $\Delta Mosom1/MoSOM1^{S227Y}$ 也不能形成病斑（图 3.4）。上述结果表明，MoSom1 第 227 位氨基酸突变为缬氨酸和酪氨酸后不仅影响稻瘟病菌的侵入，还参与其在寄主组织内的扩展。

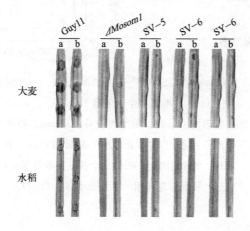

图 3.4　*MoSOM1* 点突变转化子的致病性测定

MoSOM1 点突变转化子菌块离体接种大麦和水稻叶片，

a—完整叶片，b—划伤叶片

3.3.4　$\Delta Mosom1/MoSOM1^{S227V}$ 和 $\Delta Mosom1/MoSOM1^{S227Y}$ 不能产生分生孢子

在光学显微镜下观察点突变转化子的分生孢子形成情况，发现 $\Delta Mosom1/MoSOM1^{S227V}$ 和 $\Delta Mosom1/MoSOM1^{S227Y}$ 均不产生分生孢子 [图 3.5（A）]。进一步收集了 CM 培养基上培养 10d 的各菌株的分生孢子，血细胞计数板计数统计显示，与光学显微镜观察一致，$\Delta Mosom1/MoSOM1^{S227V}$ 和 $\Delta Mosom1/MoSOM1^{S227Y}$ 均不能产

生分生孢子 [图 3.5(B)]。

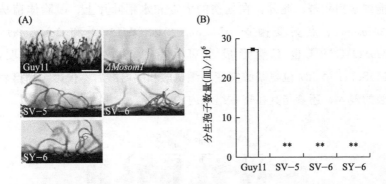

图 3.5 △*Mosom1*/*MoSOM1*^{S227V} 和 △ *Mosom1*/*MoSOM1*^{S227Y}
不能产生分生孢子

(A) 野生型菌株 Guy11、敲除突变体 △*Mosom1* 和点突变转化
子（SV-5、SV-6 和 SY-6）分生孢子梗显微观察分析，Bars＝
100μm；(B) 产孢量测定。根据三个独立实验计算平均值和标
准差，显著性差异用＊＊号表示（*P*＜0.01）

3.3.5 MoSom1 中 S227 位点的磷酸化在附着胞的形成中起重要作用

由于 △*Mosom1*、△*Mosom1*/*MoSOM1*^{S227V} 和 △ *Mosom1*/*Mo-SOM1*^{S227Y} 均不产生分生孢子，所以无法用分生孢子诱导附着胞的形成，收集各突变体的菌丝在疏水表面诱导菌丝附着胞的形成，结果发现，在诱导 24h 后野生型菌株 Guy11 的菌丝尖端均有附着胞形成，而 △*Mosom1*、△*Mosom1*/*MoSOM1*^{S227V} 和 △ *Mosom1*/*Mo-SOM1*^{S227Y} 即使延长诱导时间也不能观察到附着胞（图 3.6）。这说明 MoSom1 中的 S227 位点的磷酸化在附着胞的形成中起重要作用。

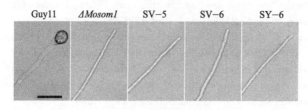

图 3.6　菌丝附着胞诱导实验

收集各突变体的菌丝在疏水表面诱导菌丝附着胞的形成，Bars＝20μm

3.3.6　MoSom1 中 S227 位点是 PKA 磷酸化位点

为了研究 MoSom1 中 S227 是否是 PKA 磷酸化位点，我们合成了丝氨酸 227 位点特异性抗体。结果发现，在野生型菌株 Guy11 和 $\Delta cpkA$ 突变株中均检测到 S227 位点的磷酸化。与野生型菌株 Guy11 相比，$\Delta cpkA$ 突变体中 S227 位点磷酸化信号较弱，而 SV-5、SY-6 和 S7E-1 突变体中均未检测到磷酸化（图 3.7）。结果表明 MoSom1 中的丝氨酸 227 残基是推测的 PKA 磷酸化位点。

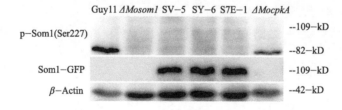

图 3.7　磷酸化位点检测实验

［提取 Guy11、$\Delta Mosom1$、SV-5、SY-6、S7E-1 和 $\Delta cpkA$ 的总蛋白，分别用 anti-p-Som1（丝氨酸 227）、anti-GFP 和 anti-β-Actin 抗体杂交］

参考文献

［1］　Adachi K & Hamer J E. Divergent cAMP signaling pathways regulate growth and pathogenesis in the rice blast fungus *Magnaporthe grisea*. *Plant Cell* 1998, 10: 1361-1373.

[2] Choi W & Dean R A. The adenylate cyclase gene *MAC1* of *Magnaporthe grisea* controls appressorium formation and other aspects of growth and development. *Plant Cell*, 1997, 9: 1973-1983.

[3] Mochly-Rosen D. Localization of protein kinases by anchoring proteins: a theme in signal transduction. *Science*, 1995, 268: 247-251.

[4] Kronstad J W, Hu G & Choi J. The cAMP/protein kinase A pathway and virulence in *Cryptococcus neoformans*. Mycobiology, 2011, 39: 143-150.

[5] Yan X, Li Y, Yue X F, et al. Two novel transcriptional regulators are essential for infection-related morphogenesis and pathogenicity of the rice blast fungus *Magnaporthe oryzae*. *PLoS Pathog*, 2011, 7: e1002385.

第四章

糖基转移酶蛋白 MoGt2 调控稻瘟病菌形态分化和致病性的分子功能研究

4.1 引言

糖基化修饰是真核生物中非常重要的蛋白翻译后修饰,该过程由糖基转移酶催化,将糖基从供体分子转移到特定的受体上(Lairson et al,2008)。在真核细胞中,N-糖基化和 O-糖基化是两种最常见的糖基化类型,在蛋白折叠、蛋白质稳定性和蛋白间互作等许多生化过程中发挥重要作用(Strasser,2016)。真核生物 N-糖基化的一个特征是将寡糖(Glc3Man9GlcNAc2)糖基全体转移至新生肽链特定序列 Asn-Xaa-(Ser/Thr)的 Asn 残基上,该过程由寡糖基转移酶复合体(oligosaccharyltransferase,OST)催化完成(Hubbard and Ivatt,1981;Kelleher and Gilmore,2006;Shwartz and Aebi,2011)。转移到 Asn 残基上的糖基经内质网的葡糖苷酶依次加工后转移至高尔基体中做进一步加工(Helenius and Aebi,2004;Dean,1999)。

根据底物和产物立体化学结构的不同,糖基转移酶分为反向型(Inverting)和保留型(Retaining)(Sinnott,1990)。目前,根据氨基酸序列相似性将糖基转移酶家族划分为了 107 个家族(http://www.cazy.org/;Breton et al,2012;Lombard et al,2014)。其中家族 2(GT2)是一个较大的家族。最近 King 等报

道小麦叶枯病菌（*Zymoseptoria tritici*）和禾谷镰刀菌
（*Fusarium graminearum*）中一个 2 型糖基转移酶 *GT2* 基因是病
原菌致病性所必需的（King et al，2017）。粗糙脉孢菌（*Neurospora crassa*）*GT2* 同源基因 *CPS-1* 缺失突变体在营养生长和细胞
壁生物合成存在缺陷（Fu et al，2014）。新型隐球菌
（*Cryptococcus neoformans*）中 *CPS-1* 参与调节致病过程（Chang
et al，2006）。

在稻瘟病菌中，许多致病相关基因已得到鉴定和分析。其中一
些研究表明蛋白糖基化对寄主侵染起重要作用。Chen 等发现
ALG3 介导的效应蛋白 Slp1 的 N-糖基化对其在稻瘟病菌中的活性
至关重要（Chen et al，2014）。糖苷水解酶 *MoGLS2* 缺失突变体
分生孢子萌发延迟，致病力和侵染菌丝扩展能力均显著下降（Li et
al，2016）。此外，甘露糖转移酶家族 MoPmt2 和 MoPmt4 参与调
控稻瘟病菌形态发生和致病过程（Guo et al，2016；Pan et al，
2019）。然而，2 型糖基转移酶在稻瘟病菌中还没有得到很好的研
究。本研究重，我们鉴定了一个编码 2 型糖基转移酶的蛋白
MoGt2，发现 MoGt2 在稻瘟病菌侵染相关形态发生和致病过程中
起重要作用。

4.2 材料与方法

4.2.1 供试菌株

稻瘟病菌（*Magnaporthe oryzae*）野生型菌株 Guy11 由浙江
大学王政逸教授实验室惠赠；

农杆菌菌株 AGL1 由华南农业大学姜子德教授实验室惠赠；

大肠杆菌菌株 DH5α 购买于全式金生物技术有限公司。

4.2.2 供试植物材料

感病水稻 Co39（Oryza sativa cv Co39）和感病大麦（cv. Golden promise）由浙江大学王政逸教授实验室惠赠。

4.2.3 质粒载体

质粒 p821 和 p932 载体，由新加坡淡马锡生命科学研究所 Naweed Naqvi 实验室惠赠。

4.2.4 筛选抗生素

抗生素名称	购买公司
氨苄青霉素（Ampicilline）	上海生工生物
卡那霉素（Kanamycin）	上海生工生物
头孢氨苄霉素（Cefotaximel）	上海生工生物
链霉素（Streptomycin）	上海生工生物
潮霉素 B（Hygromycin）	Roche

4.2.5 分子生物学试剂

1. DNA 操作相关试剂与来源

试剂名称	购买公司
限制性内切酶	NEB
快速 PCR 扩增 2×Mix	全式金生物技术有限公司
Phanta® 高保真 DNA 聚合酶	Vazyme
ClonExpress Ⅱ 一步法克隆试剂盒	Vazyme
ClonExpress Multis 一步法克隆试剂盒	Vazyme

实时荧光定量试剂盒	Vazyme
质粒提取试剂盒	Omega
胶回收试剂盒	Omega
地高辛 Southern 杂交试剂盒	Roche

2. RNA 操作相关试剂与来源

试剂名称	**购买公司**
PureLink RNA 微量提取试剂盒	Invitrogen
HiScript Ⅲ 反转录试剂盒	Vazyme

3. 蛋白质操作相关试剂与来源

试剂名称	**购买公司**
蛋白酶抑制剂	Thermo Fisher Scientific
预染蛋白 Marker	Thermo Fisher Scientific
化学发光试剂盒	Thermo Fisher Scientific
2×蛋白上样缓冲液	上海生工生物
Anti-GFP 抗体	Abcam
PMSF	北京鼎国昌盛

4.2.6 培养基和试剂

4.2.6.1 培养基

(1) 稻瘟病菌培养相关培养基

① **MM(1L)：**

葡萄糖	10g
20×硝酸盐	50ml
1000×微量元素	1ml
1000×维生素溶液	1ml

10mol/L NaOH 调 pH 至 6.5。充分搅拌，加去离子水定容至 1L，高温高压灭菌。固体培养基含 1.5%琼脂。

其中，20×硝酸盐配方（1L）：

$NaNO_3$	120g
KCl	10.4g
$MgSO_4 \cdot 7H_2O$	10.4g
KH_2PO_4	30.4g

1000×微量元素配方（100ml）：

$ZnSO_4 \cdot 7H_2O$	2.2g
H_3BO_3	1.1g
$MnCl_2 \cdot 4H_2O$	0.5g
$FeSO_4 \cdot 7H_2O$	0.5g
$CoCl_2 \cdot 6H_2O$	0.17g
$CuSO_4 \cdot 5H_2O$	0.16g
$Na_2MoO_4 \cdot 5H_2O$	0.15g
Na_4EDTA	5g

1000×维生素溶液配方（100ml）

维生素 H	0.01g
维生素 B_6	0.01g
维生素 B_1	0.01g
维生素 B_2	0.01g
对氨基苯甲酸	0.01g
烟酸	0.01g

② CM(1L)：

葡萄糖	10g
酵母提取物	1g
蛋白胨	2g
酪蛋白水解物	1g
20×硝酸盐	50ml
微量元素	1 ml

维生素溶液   1 ml

10mol/L NaOH 调 pH 至 6.5，高温高压灭菌，固体培养基含 1.5%琼脂。

③ OCM(1L)：

蔗糖	200g
酵母提取物	1g
蛋白胨	2g
酪蛋白水解物	1g
20×硝酸盐	50ml
微量元素	1ml
维生素溶液	1 ml

10 M NaOH 调 pH 至 6.5，高温高压灭菌，固体培养基含 1.5%琼脂。

④ BDCM(1L)：

YNB	1.7g
/酵母氮源基础（不含氨基酸）	
L-天冬酰胺	1g
硝酸铵	2g
蔗糖	273.8g

1mol/L Na_2HPO_4 调 pH 至 6.0，高温高压灭菌，固体培养基含 1.5%琼脂。

⑤ BDCM-overlay(1L)：

YNB	1.7g
/酵母氮源基础（不含氨基酸）	
L-天冬酰胺	1g
硝酸铵	2g
葡萄糖	10g

1mol/L Na_2HPO_4 调 pH 至 6.0，高温高压灭菌，固体培养基

含 1.5%琼脂。

⑥ **PDA 培养基 (1L)**：称取 200g 土豆片，置于盛有 800ml 水的锅中加热，待水沸腾后煮 30min，用纱布过滤取汁，加入 20g 葡萄糖，加水定容至 1L，分装时加入 1.6%琼脂，高温高压灭菌。

（2）细菌培养相关培养基

LB 培养基 (1L)：

胰蛋白胨	10g
酵母提取物	5g
NaCl	5g
10mol/L NaOH 调 pH 至 7.0	

分别称取以上试剂于 800ml 去离子水中，搅拌至完全溶解，加去离子水定容至 1L，高温高压灭菌。固体培养基含 1.5%琼脂。

（3）诱导农杆菌侵染的 AIM 培养基 (1L)

1.25mol/L K 磷酸缓冲液 pH4.8	
（KH_2PO_4 和 K_2HPO_4，直至 pH 达到 4.8）	0.8ml
MN-缓冲液（30g/L $MgSO_4 \cdot 7H_2O$,	20ml
15 g/L NaCl）	
1% $CaCl_2 \cdot 2H_2O$	1ml
0.01g/100ml $FeSO_4$	10ml
50%甘油	10ml
Spore elements（100mg/L $ZnSO_4 \cdot 7H_2O$,	5ml
100mg/L $CuSO_4 \cdot 5H_2O$, 100 mg/L H_3BO_3,	
100mg/L $Na_2MO_4 \cdot 2H_2O$，过滤除菌）	
20% NH_4NO_3	2.5ml
1mol/L MES(213g/L MES pH5.5)	40ml
20g/100ml 葡萄糖	10ml(液体培养基)/5ml(固体培养基)

4.2.6.2 试剂配方

（1）稻瘟病菌的转化试剂

崩溃酶溶液：用 0.7mol/L NaCl 配制，0.22μm 过滤器过滤除菌。

0.7mol/L NaCl(1L)：40.908g NaCl；高温高压灭菌。

STC(1L)：分别称量 10ml 1.0mol/L Tris-Cl（pH7.5），218.604g 山梨醇，5.5495g $CaCl_2$ 溶于 800ml 去离子水中，定容至 1L，高温高压灭菌。

PTC(100ml)：60g 聚己二醇 3350，10ml 1.0mol/L Tris-Cl（pH7.5），0.55g $CaCl_2$，高温高压灭菌。

（2）基因组 DNA 提取试剂

DEB(1L)：200mmol/L Tris-HCl（pH7.5），50mmol/L EDTA，200mmol/L NaCl，1% SDS。

2×CTAB(1L)：分别称量 10ml 1.0mol/L Tris-Cl(pH8.0)，40ml 0.5mol/L EDTA(pH8.0)，81.8g NaCl 及 20g CTAB 溶于 800ml 去离子水中，定容至 1L，37℃过夜溶解；高温高压灭菌，室温保存。

70%乙醇：将无水乙醇和 ddH_2O 按 7：3 的体积比例充分混匀。

（3）Western blot 试剂

蛋白裂解缓冲液（1L）：50mmol/L Tris-HCl（pH7.4），150mmol/L NaCl，1mmol/L EDTA，1% Triton X-100。使用前加入蛋白抑制剂：PMSF、亮肽素、抑肽素。

10mmol/L PMSF(10ml)：0.174g PMSF 溶于 10ml 异丙醇，溶解后分装至 1.5ml 离心管中，−20℃保存。

10% SDS(100ml)：称取 10g SDS 溶解于 80ml 去离子水中，50℃水浴溶解，定容至 100ml；室温保存。

10％ APS（过硫酸铵）：称取 0.1g APS 溶解于 1ml 去离子水中；完全溶解后，4℃保存（保存时间 1 周）。

0.5mol/L Tris-HCl(pH6.8)：称取 15.14g Tris 溶解于 200ml 去离子水中，浓盐酸调 pH 至 6.8，搅拌均匀定容至 250 ml。

1.5 M Tris-Cl(pH8.8)：称取 45.43g Tris 溶解于 200ml 去离子水中，浓盐酸调 pH 至 8.8，搅拌均匀定容至 250ml。

5×Tris-甘氨酸缓冲液（1L）：分别称取 94g 甘氨酸、15.1g Tris，5g SDS 于 800ml 去离子水中，搅拌均匀加水将溶液定容至 1L，室温保存。

1×电泳缓冲液（1L）：量取 200ml 5×Tris-甘氨酸缓冲液，加水定容至 1L，室温保存。

转膜缓冲液（1L）：分别称量 5.8g Tris、2.9g 甘氨酸、0.37g SDS 于 600ml 去离子水中，搅拌均匀定容至 800ml，加入 200ml Methal，室温保存。

1×TBS-T 缓冲液（1L）：称取 8.76g NaCl、6.05g Tris，调 pH 至 7.5 后加入 1ml Tween20，4℃保存。

封闭缓冲液：称取 5g 脱脂奶粉，加入 100ml TBS-T 中充分搅拌溶解，现配现用，4℃保存。

（4）Southern blot 试剂

20×SSC(1L)：分别称取 175.3g NaCl、88.2g 柠檬酸三钠于 800ml 去离子水中，盐酸调 pH 至 7.0，加水将溶液定容至 1L。

变性液（1L）：分别称取 1.5mol/L NaCl(87.66g)，0.5mol/L NaOH(20g) 于 800ml 去离子水中，搅拌均匀加水将溶液定容至 1L。

中和液（1L）：分别称取 0.5mol/L Tris-HCl pH7.0(60.57g)，1.5mol/L NaCl(87.66g) 于 800ml 去离子水中，盐酸调 pH 至 7.0，加水将溶液定容至 1L。

马来酸缓冲液（1L）：0.1mol/L 马来酸（11.6g）、0.15mol/L

NaCl(8.766g)、NaOH 固体调 pH 至 7.5。

洗脱缓冲液（1L）：马来酸缓冲液＋0.3％ Tween 20

检测缓冲液（500ml）：100mmol/L Tris-HCl（6.05g）；100mmol/L NaCl(2.922g)；NaOH 固体调 pH 至 9.5。

10％ SDS（50mL）：5g SDS 溶于 50ml 水中，细菌滤器过滤除菌。

2×SSC ＋ 0.1％ SDS(100ml)：10ml 20×SSC，1ml 10％ SDS，89ml H_2O。

0.5×SSC ＋ 0.1％ SDS(100ml)：2.5ml 20×SSC，1ml 10％ SDS，98.5ml H_2O。

（5）接种试剂　0.025％ Tween 20：25 μl Tween 20，加水定容至 100ml。

（6）其他试剂

0.5mol/L EDTA(pH8.0，1L)：186.1g Na_2EDTA · H_2O 溶于 800ml ddH_2O 后，用 NaOH 调节 pH 至 8.0(约 20g NaOH)，定容至 1L，高温高压灭菌，室温保存。

50×TAE 缓冲液（1L）：242g Tris，37.2g Na_2EDTA · H_2O 溶于 800ml ddH_2O，加入 57.1ml CH_3COOH，搅拌均匀定容至 1L，室温保存；工作液需稀释 50 倍后使用。

4.2.7　常规分子生物学实验方法

PCR 技术

（1）常规 PCR 反应

反应体系：

DNA 模板	1μl（10～200ng）
10μmol/L 引物 F	1μl
10μmol/L 引物 R	1μl
LA-Taq 聚合酶	0.5μl

5×缓冲液	$10\mu l$
dNTP 混合物	$4\mu l$
ddH_2O 至	$50\mu l$

反应程序：

1. 94℃预变性	4min
2. 94℃变性	30s
3. 55～65℃退火	30s
4. 72℃延伸	1min/kb
5. 2～4 步循环	28～32 个循环
6. 72℃总延伸	10min

不同的 DNA 聚合酶可根据说明书调整反应体系和反应程序。

（2）大量快速 PCR 反应

DNA 模板或细菌菌落	$1\mu l$
$2\times Mix$	$12.5\mu l$
$10\mu mol/L$ 引物 F	$0.5\mu l$
$10\mu mol/L$ 引物 R	$0.5\mu l$
ddH_2O 至	$25\mu l$

反应程序同常规 PCR 反应。

（3）实时荧光定量 PCR（qRT-PCR）反应　本实验操作按照 Vazyme ChamQ universal SYBR qPCR 混合液试剂盒操作步骤进行。

反应仪器：QuantStudio 6 Flex（Applied Biosystems，United States）

反应体系：

cDNA 模板	$1\mu l$
$10\mu mol/L$ 引物 F	$0.4\mu l$
$10\mu mol/L$ 引物 R	$0.4\mu l$

| 2×ChamQ universal SYBR qPCR 混
合液 | 10μl |
| ddH$_2$O 至 | 20μl |

反应程序：

a. 95℃	30s
b. 95℃	10s
c. 60℃	30s
d. 2～3 步	40 个循环
e. 溶解曲线	60～95℃

（4）限制性内切酶酶切

DNA 样品（≈2μg）	10μl
限制性内切酶	2μl
10×缓冲液	5μl
ddH$_2$O 至	50μl

37℃水浴 15min。

（5）热激转化

① 取出一支热激感受态细胞（DH5α）置于冰上，待其完全融化。

② 将热激感受态细胞加入到待转化的连接产物中，轻轻混合均匀后，冰上静置 30min。

③ 42℃水浴 45s，迅速将其转移至冰浴 3min。

④ 加入 500μl LB 液体培养基，37℃、200r/min 摇培 30min～1h，使细菌复苏。

⑤ 在超净工作台内，将摇培好的菌液均匀涂布在含有筛选抗生素的 LB 平板上，37℃倒置培养 8～12h。

（6）电激转化

① 将 25μl 感受态和 1～3μl 的质粒混匀。

② 将混匀后的转入电激转化杯，此步在冰上进行。

③ 在电转化仪上电激一下，拿出后立刻加入 1ml 的 LB 培养基（不加任何抗生素）

④ 混匀吸出，转移到 1.5ml 管中，28℃温育 1～2h，使细胞恢复生长。

⑤ 6000r/min 离心 3min。弃上清，剩余的用枪混匀，涂在 LB（含抗生素）板上，置于 28℃恒温箱中培养 2d。

（7）质粒 DNA 提取　操作步骤按照 Omega 质粒提取试剂盒进行：

① 取 1.5～2ml 菌液于 2ml 离心管中，室温 12000r/min 离心 1min，集菌。

② 弃上清，加入 250μl 含 RnaseA 的缓冲液 P1，涡旋震荡使菌体悬浮。

③ 加入 250μl 缓冲液 P2，温和颠倒混匀 3～5 次。

④ 加入 350μl 缓冲液 P3，温和颠倒混匀 4～6 次，稍静置后，12000r/min，室温离心 10min。

⑤ 小心吸取上清于吸附柱中，稍静置后，12000r/min，室温离心 1min。

⑥ 弃滤液，将吸附柱重新放于收集管中，加入 500μl 缓冲液 HB，12000r/min 室温离心 1min。

⑦ 弃滤液，将吸附柱重新放于收集管中，加入 700μl 洗脱缓冲液，12000r/min 室温离心 1min。

⑧ 重复步骤⑦。

⑨ 弃滤液，将吸附柱重新放于收集管中，12000r/min 室温空离 1min。

⑩ 将吸附柱放于新的 1.5ml 离心管中，向膜中央加入 50～100μl 65℃预热的 ddH$_2$O。室温静置 2min，12000r/min 室温离心 1min，弃吸附柱，－20℃保存。

（8）DNA 凝胶回收　操作步骤按照 Omega 凝胶回收试剂盒

进行：

① 切取含目的 DNA 片段的凝胶置于 1.5ml 离心管中，称重。

② 加入 3 倍凝胶体积（凝胶体积换算：100mg = 100μl）的 Binding 缓冲液，50～55℃ 温育，其间需间隔摇动直至胶完全溶解。

③ 将混合液转移至 2ml 离心柱内，室温静置 2min，12000r/min 离心 1min。

④ 可将混合液再次转入离心柱中，12000r/min 离心 1min，重复收集以提高 DNA 的回收量（可选）。

⑤ 弃滤液，加入 700μl 的 SPW 清洗液，12000r/min 离心 30s；

⑥重复步骤⑤；

⑦ 弃滤液，将空管 12000r/min 离心 1min，以去除膜上残留的洗涤液；

⑧ 将离心柱置于新的 1.5ml 离心管，向膜中央加入 15～30μl 65℃预热的 ddH_2O，静置 2min 后，12000r/min 离心 1min，弃离心柱，−20℃ 保存。

（9）小量提取稻瘟菌基因组 DNA

① 在超净工作台中用牙签刮取适量菌丝于 1.5ml 离心管中。

② 加入钢珠和 500μl 的 DEB，在 DNA 研磨仪上研磨 1min。

③ 4℃，12000r/min，离心 10min。

④ 吸取上清，转入新的 1.5ml 离心管中，加入等体积的异丙醇，颠倒混匀后，4℃，12000r/min，离心 10min。

⑤ 弃上清，用 70%乙醇洗涤两遍，无水乙醇洗涤一遍，晾干。

⑥ 将沉淀溶于 30μl ddH_2O 中，于−20℃下保存。

（10）大量提取稻瘟菌基因组 DNA

① 将液体 CM 摇培 48h 的稻瘟菌菌丝压干，放入液氮中速冻。

② 将液氮速冻的菌丝放于研钵中，加液氮研磨 4～5 次将其研

磨成粉末。

③ 将粉末转入盛有 15ml 预热好的 $2\times$CTAB 的 50ml 离心管中，充分混匀；在 65℃水浴中温浴 30min，每 5min 缓慢混匀1 次，混匀时注意小心液体喷出。

④ 待离心管中液体自然冷却后，在通风橱中加入等体积的苯酚：氯仿（1：1），充分混匀；4℃，12000r/min，离心 10min。

⑤ 小心吸取上清，移入新的 50ml 离心管中加入等体积的苯酚：氯仿（1：1），颠倒混匀；4℃，12000r/min，离心 10min。

⑥ 小心吸取上清，转入新的 50ml 离心管中，加入等体积的氯仿，颠倒混匀；4℃，12000r/min，离心 10min。

⑦ 小心吸取上清，移入新的 50ml 离心管中，加入 0.6 倍体积的异丙醇，−20℃沉淀 30min，4℃，12000r/min，离心 10min。

⑧ 弃上清，用预冷的 70%乙醇洗涤沉淀两遍，预冷的无水乙醇洗涤一遍，晾干；溶于 1ml TE/RNase 中（RNase 的浓度为 100? g/ml），−20℃保存。

（11）Southern blot　本实验按照 Roche DIG 标记及检测试剂盒进行：

① DNA 酶切：配制酶切体系。酶切体系：15μg 基因组 DNA 样品，所加酶单位一般为 DNA 量的 3 倍，37℃酶切时间 16~24h。

② 电泳：制备 0.8%的琼脂糖凝胶。120V 下将样品跑出胶孔后，改用 80V 低电压缓慢电泳。当溴酚蓝离胶底部约 1cm 结束电泳，切除无用的凝胶部分，将凝胶的右上角切去，以便于分辨。

③ 胶处理

a. 将凝胶置于一搪瓷盆中（反面向上），先用 ddH$_2$O 漂洗 2 次（如果目的条带在 15kb 以上，在电泳结束后需进行短暂的脱嘌呤处理：在 0.2mol/L HCl 中，直到凝胶上的溴酚蓝变黄、二甲苯青变成黄绿色即可，然后用蒸馏水漂洗）。

b. 将凝胶浸没于变性液（1.5mol/L NaCl，0.5mol/L NaOH）

中，室温，摇床轻轻摇动 30min，使 DNA 变性。

c. 倒去变性液，用蒸馏水漂洗。

d. 加入中和液（0.5mol/L Tris-HCl pH7.0，1.5mol/L NaCl），室温，摇床轻轻摇动 30min。

e. 倒去中和液，加入转移缓冲液（10×或 20×SSC）浸没凝胶，室温，摇床轻轻摇动 30min。

④ 转膜

a. 在一玻璃平台上铺 1 层滤纸，将其置于一搪瓷盆中，加入 10×SSC 溶液，滤纸的两端要完全浸泡在溶液中，再在其上铺一层厚的滤纸（与凝胶大小一致）。

b. 将变性后的凝胶置于上述平台的中央，反面朝上，用玻璃棒赶走气泡。

c. 用封口膜将凝胶四周封严。再将尼龙膜（尼龙膜需浸入转移缓冲液至少 5min）小心覆盖在凝胶上，尼龙膜与凝胶之间不要有气泡。

d. 将湿润的滤纸（和凝胶一样大小）小心覆盖在尼龙膜上，玻璃棒赶走气泡。

e. 在上述滤纸上放一叠与凝胶一样大小的吸水纸。再在吸水纸上置一平板或玻璃板，其上压一重约 500g 的物品。

f. 静置 18～24h 使其充分转移，注意在转膜过程中要更换吸水纸。

g. 除去吸水纸、滤纸，在膜反面用铅笔做好标记。

⑤ 紫外交联

a. 将膜浸于 5×SSC 溶液中，5min。

b. 选用普通凝胶成像系统的紫外线下照射 5～10min，正面向下，然后用保鲜膜中将其包好待用。

⑥ DIG 标记 DNA 探针

a. 先进行常规 PCR，切胶回收后的产物作为下一轮制备探针的模板。

　　b. 制备探针：

模板	$1\mu l$
$10\mu mol/L$ 引物 F	$2.5\mu l$
$10\mu mol/L$ 引物 R	$2.5\mu l$
PCR DIG 标记复合物	$5\mu l$
$10\times$PCR 缓冲液（含 $MgCl_2$）	$10\mu l$
rTaq	$0.5\mu l$
ddH_2O 至	$50\mu l$

反应程序：

a. 95℃预变性	$2min$
b. 95℃变性	$30s$
c. 55~65℃退火	$40s$
d. 72℃延伸	$1min/kb$
e. 2~4 步循环	30 个循环
f. 72℃总延伸	$7min$

　　⑦ Southern 杂交过程

预杂交过程：

　　a. 将交联好的尼龙膜卷成圆柱状，用镊子小心放入杂交管中，膜背面紧贴杂交管壁，避免膜与杂交管之间有气泡产生；

　　b. 将预杂交液在 42℃下预热；

　　c. 往杂交瓶中加入预杂交液，拧紧瓶盖，放入杂交炉中（42℃）预杂交 1~2h；

杂交过程：

　　a. 预杂结束后，弃掉预杂液。

　　b. 将标记号的探针沸水浴变性 5min，迅速放置冰上。将变性的探针加入预热的 DIG Easy Hyb($10ml/100cm^2$ 尼龙膜) 中。

　　c. 加入已配制好的含有 DIG-labeled DNA 探针的杂交液到杂

交瓶中（切勿将含有探针的杂交液直接加在膜上），杂交炉轻轻摇动，42℃杂交过夜；

d. 杂交结束后，杂交液可以回收再利用，贮存在－25°～－15℃。

⑧ 印记膜的洗涤　严格洗涤，以下实验可在杂交炉中进行：

a. 15～25℃不断摇动条件下，用适量的 2×SSC、0.1% SDS洗膜 2 次，每次 5min；

b. 65～68℃不断摇动条件下，用适量的预热到 42℃或 68℃的0.5×SSC、0.1% SDS洗膜 2 次，每次 15min。

⑨ 免疫显色

以下为 100cm^2 杂交膜的免疫检测，均在 15～25℃下进行。

a. 将膜放在 100ml 洗脱缓冲液中，摇动洗涤 5min；

b. 将膜放在 100ml 封闭液（现用现配）中，摇动孵育 30min；

c. 将膜放在 20ml 抗体液（现用现配）中，摇动孵育 30min；

d. 将膜放在 100ml 洗脱缓冲液中摇动洗涤 2 次，每次 15min；

e. 将膜放在 20ml 检测缓冲液中平衡 2～5min；

将膜放置在 10ml 新配置的显色液中，黑暗处理 10～30min。也可延长时间直至条带清晰。

（12）稻瘟菌总 RNA 的提取　操作步骤按照 Invitrogen RNA提取试剂盒进行：

a. 收集样品，液氮研磨至粉状。

b. 转移至预冷 1.5ml 管中，立刻加入 1ml Lysis 缓冲液和10μl β-巯基乙醇（需在通风处加）。

c. 高速震荡 45s，2600r/min 离心 5min。

d. 将上清转移至新管，加 0.5 倍体积无水乙醇，转移至离心柱（大）。

e. 12000r/min 离心 15s(30s)，弃废液，再加样，直至收集完全（2 次），700μl/次。

f. 加 350μl 洗脱缓冲液 I，12000r/min 离心 15s，室温，弃废液。

g. 加 80μl Dnase 混合物（8μl 缓冲液，2μl Dnase I，1μl PRR，69μl H_2O），室温 15min（可省）。

h. 加 350 μl 洗脱缓冲液 I，室温 12000r/min 离心 15s，弃废液，换收集管

i. 加 500 μl 洗脱缓冲液 II（加乙醇），12000r/min 离心 15s，弃废液，重复一次。

j. 12000r/min 1min(空甩)，换收集管（试剂盒内 1.5ml 离心管）。

k. 加 40μl 水，室温 1min 静置。

l. 最大转速离心 1min，置于-80℃保存。

（13）合成 cDNA　按照 Vazyme 反转录试剂盒操作。

① 基因组 DNA 去除

总 RNA($\approx1\mu$g)	$X\mu$l
4×gDNA 去除混合物	4μl
RNase free H_2O 至	16μl

在冰上配反应体系，混匀后，42℃水浴 2min，迅速放于冰上。

② 配置逆转录反应体系：在第一步的反应管中直接加入 5×HiScript III qRT 混合物。

1 的反应液	16μl
5×HiScript III qRT 混合物	4μl

③ 进行逆转录反应：PCR 仪上 37℃ 15min，85℃ 5s，产物可直接用于 qPCR 反应，或置于-20℃保存备用。

（14）稻瘟菌总蛋白的提取

① 将液体 CM 摇培 48h 的稻瘟菌菌丝抽干，收集菌丝，放入液氮中速冻。

② 在 1.5ml 的离心管中加入 1ml 蛋白提取液（含亮肽素、

PMSF 和抑肽素）置于冰上，再加入 0.3g 菌丝。

③ 在振荡器上振荡，每个样品 2～3 次。

④ 4℃，12000r/min，离心 20min，上清即为总蛋白，吸取 50μl 转入新的 EP 管中，在通风处加入 50μl 2×蛋白上样缓冲液，混匀后，沸水浴 5min，冰上冷却 5min，即可用于 Western blot，如不立即使用，－20℃保存。

（15）Western blot

① 制胶：制备 10%（根据目的蛋白的大小选择）SDS-PAGE 蛋白胶。

② 电泳：先 80V 电泳，浓缩蛋白，然后改用 120V 电泳，分离蛋白，电泳时间据目的蛋白大小计算，最好让溴酚蓝完全跑出胶。

③ 转膜：若用 PVDF 膜需在甲醇中活化。胶在负极，膜在正极。加 1×转膜缓冲液直至淹没膜所在的位置，四周放冰，100V 1.5h，电转。

④ 封闭：5%脱脂奶粉（用 1×TBS-T 缓冲液配制）在摇床上封闭 1h。

⑤ 一抗反应：加一抗，用 1×TBS-T 缓冲液配制的 1%脱脂奶粉将抗体稀释 5000 倍使用，在摇床上反应 1～2h，也可 4℃过夜。

⑥ 洗膜：1×TBS-T 缓冲液洗膜 3 次，每次 15min。

⑦ 二抗反应：加二抗，根据一抗来源选择合适的二抗（用 1×TBS-T 缓冲液配制的 1%脱脂奶粉稀释 10000 倍使用），在摇床上反应 1h。

⑧ 洗膜：1×TBS-T 缓冲液洗膜 3 次，每次 5min。

⑨ 显色拍照。

4.2.8 稻瘟菌常用实验方法

4.2.8.1 稻瘟病菌载体构建

本研究载体构建是利用一步法克隆试剂盒，分单片段或多片段体外融合。载体构建如下：

（1）线性化载体制备　选择合适的克隆位点，对克隆载体进行线性化。

（2）插入片段获得

①单片段融合的插入片段扩增引物设计

a. 插入片段正向扩增引物设计方式为：5′┄上游载体末端同源序列＋基因特异性正向扩增序列┄┄3′。

b. 插入片段反向扩增引物设计方式为：3′┄基因特异性反向扩增序列＋下游载体末端同源序列┄┄5′。

②多片段融合的插入片段扩增引物设计

a. 第一片段正向扩增引物设计方式为：5′┄上游载体末端同源序列＋基因特异性正向扩增序列┄┄3′。

b. 第一片段反向扩增引物设计方式为：3′┄第一片段基因特异性反向扩增序列＋第二片段 5′同源序列┄┄5′。

c. 第二片段正向扩增引物设计方式为：5′┄第二片段基因特异性正向扩增序列┄┄3′。

d. 第二片段反向扩增引物设计方式为：3′┄第二片段基因特异性反向扩增序列＋第三片段 5′同源序列┄┄5′。

e. 第三片段正向扩增引物设计方式为：5′┄第三片段基因特异性正向扩增序列┄┄3′。

f. 第三片段反向扩增引物设计方式为：3′┄基因特异性反向扩增序列＋下游载体末端同源序列┄┄5′。

（3）插入片段 PCR 扩增　插入片段可用任意 PCR 酶扩增，本研究选用 Phanta® 高保真 DNA 聚合酶扩增。

（4）单片段体外融合重组反应

5×CE Ⅱ 缓冲液	$4\mu l$
线性化克隆载体	$50\sim200ng$
插入片段扩增产物	$20\sim200ng$
Exnase™ Ⅱ	$2\mu l$
ddH$_2$O 至	$20\mu l$

最适克隆载体使用量＝(0.02×克隆载体碱基对数)ng

最适插入片段使用量＝(0.04×插入片段碱基对数)ng

（5）多片段体外融合重组反应

5×CE MultiS 缓冲液	$4\mu l$
线性化克隆载体	$\times ng$
插入片段扩增产物	$\times ng$
Exnase™ MultiS	$2\mu l$
ddH$_2$O 至	$20\mu l$

多片段体外融合反应体系中，每片段（包括线性化克隆载体）最适使用量＝(0.02 ×片段碱基对数)ng。

（6）37℃水浴 30min，迅速置于冰上。反应产物可直接转化，也可储存在-20℃。待转化时解冻使用。

（7）克隆鉴定　用无菌的牙签将单菌落挑至 $50\mu l$ LB 培养基中混匀，直接取 $1\mu l$ 作为 PCR 模板，将 PCR 阳性菌落的剩余菌液接种至含有相应抗生素的 LB 培养基中培养过夜，提取质粒做后续的鉴定。

4.2.8.2　农杆菌介导的 T-DNA 转化

（1）从新鲜培养的 LB 平板上挑取农杆菌 AGL1（含 pATMT1）单菌落接种于 5ml 含 $50\mu g/ml$ 卡那霉素的 LB 液体培养基中，摇床 28℃，200r/min 过夜培养（16～18h）。

（2）次日，取 1ml 种子液于 10ml 管中，向其加入 1ml 液体诱导培养基 AIM（培养基中含 $200\mu mol/l$ 乙酰丁香酮 Acetosyringone，AS），28℃培养 5～6h 使 OD_{600} 值达到 0.5～0.6。

（3）在超净台内，加 5ml 无菌水于新鲜培养（7～10d）的稻瘟病菌菌落表面，涂布器刮取分生孢子，三层擦镜纸过滤收集，血细胞计数板计数，配制 10^6 个/ml 的分生孢子悬浮液。

（4）吸取 $100\mu l$ 摇培好的农杆菌 AGL1 菌液与 $100\mu l$ 配好的稻瘟病菌分生孢子悬浮液混合，取 $130\mu l$ 混合液点于 AIM 平板上已铺好的 NC 膜正中央，28℃共培养。

（5）共培养 2～3d 后，用无菌剪刀把正中央已接有菌液的 NC 膜区域切割出来，转移至干净的管中，用 1ml PBS 将 NC 膜上的菌体洗脱下来。每 $200\mu l$ 涂布于一个含有相应抗性的 CM 平板上，25℃培养至转化子产生。

（6）挑取转化子，转移至含相应抗性的 CM 平板上，培养后再次鉴定转化子的抗性。

4.2.8.3 稻瘟病菌原生质体转化

（1）制备原生质体

① 将摇培 48h 的菌丝体用含四层灭菌擦镜纸的漏斗过滤，收集菌丝体。

② 0.7mol/L NaCl 溶液冲洗菌丝体后，转移至新的 50ml 离心管中。每克菌丝加入约 1ml 的崩溃酶渗透液（含 20mg/ml 崩溃酶，用 0.7mol/L 氯化钠配制）和 9ml 0.7mol/L NaCl 溶液。

③ 28℃、160r/min 酶解 2～3h。

④ 4℃预冷的 0.7mol/L NaCl 洗涤，用含四层灭菌擦镜纸的漏斗过滤，收集原生质体。

⑤ 4℃、3000r/min 离心 15min。

⑥ 弃上清，用预冷的 STC 洗涤原生质体，将原生质体浓度调节至 $(6～8)\times10^7$ 个/ml。

（2）转化敲除载体

① 分装原生质体，每管 900μl，加入等体积的质粒（9～12μg）与 STC 溶液的混合液，冰上放置 20min。

② 逐滴缓慢加入 2ml PTC，冰上静止 15～20min。

③ 加入 5～20ml OCM 液体培养基，28℃，100r/min 摇床培养约 12～13h。

（3）铺板　培养 12～13h 后，将其倒入 OCM 固体培养基（温度不要太高），混匀，倒平板。待其凝固后，倒入含相应抗性的 CM 固体培养基，28℃培养 5～7d。

（4）敲除筛选　将长出的转化子转至相应抗性的 CM 培养基上，第二次筛选。

4.2.8.4　透射电镜样品制备

样品浸没在 2.5% 的戊二醛溶液中，4℃固定过夜，然后按下列步骤处理样品：

（1）倒掉固定液，用 0.1mol/L、pH7.0 的磷酸缓冲液（PBS）漂洗样品三次，每次 15min。

（2）用 1% 的锇酸溶液固定样品 1～2h(细胞会被染至黑色)。

（3）倒掉固定液，用 0.1mol/L、pH7.0 的 PBS 漂洗三次，每次 15min。

（4）用梯度浓度（包括 50%、70%、80%、90% 和 95% 五种浓度）的乙醇溶液对样品进行脱水处理，每种浓度处理 15min，再用 100% 的乙醇处理一次，每次 20min；最后过渡到纯丙酮处理 20min。

（5）用包埋剂与丙酮的混合液（$V/V=1/1$）处理样品 1h。

（6）用包埋剂与丙酮的混合液（$V/V=3/1$）处理样品 3h。

（7）纯包埋剂处理样品过夜　将经过渗透处理的样品包埋起来，70℃加热过夜，即得到包埋好的样品。样品在 Reichert 超薄切片机中切片，获得 70～90nm 的切片，该切片经柠檬酸铅溶液和醋酸双氧铀 50％乙醇饱和溶液各染色 15min，即可在 Hitachi H-7650 型透射电镜中观察。

4.2.8.5 稻瘟病菌表型测定

（1）菌落形态观察和生长速度的测定 将稻瘟菌野生型菌株 Guy11 和待测菌株分别接种于 CM 或其他平板上，25℃培养 10d 后，用直径为 5mm 的打孔器在菌落边缘打菌饼，然后用牙签将菌饼接种到平板中央，菌丝面朝下，每个菌株设三个重复。25℃光照培养箱倒置培养。培养 10d 后，拍照并测量菌落直径。

（2）产孢量的测定 将稻瘟菌野生型菌株 Guy11 和待测菌株分别接种在 CM 板上，培养 10d 后，用 30ml 自来水彻底洗下平板上所有的孢子，收集在 50ml 的离心管中。颠倒混匀后用血细胞计数板计数，重复 3 次，取平均值。计算出每个平板中分生孢子的总数。

（3）分生孢子形态观察 用刀片切取新鲜菌落边缘的菌丝块，倒置放在载玻片上，保湿培养 12～24h 后，将载玻片置于光学显微镜下，10×物镜下观察并拍照。

（4）附着胞诱导 将液体 CM 摇培 48h 的稻瘟菌菌丝接到疏水膜表面（GelBond film）上诱导，不同时间点观察并统计菌丝尖端的附着胞形成率。

（5）离体叶片接种 剪取生长 7d 的大麦叶片或生长两周的水稻新叶放入铺有吸水纸的培养皿中。切取培养 10d 的新鲜菌落外缘菌丝块，将其正面朝下接种在大麦或水稻叶片上，每个叶片一般接种 3 个菌丝块。28℃黑暗保湿培养 36h 后，光照培养 48～72h。观察并记录大麦或水稻叶片的发病情况。

（6）Calcofluor White（CFW）染色 从平板上接菌块于液体 CM 培养基中，28℃、180r/min 摇培 2d，用镊子夹出菌丝球，放

入 10μg/mL CFW 染色液（Sigma-Aldrich，18909）中黑暗处理
10min 后，用 PBS 缓冲液冲洗两次，制成玻片在荧光聚焦显微镜
下观察并拍照。

4.3　结果与分析

4.3.1　稻瘟病菌中 MoGt2 的鉴定

稻瘟病菌 *MoGT2* 全长 1907bp，包含 3 个内含子，编码 483 个
氨基酸。序列预测显示 MoGt2 包含 4 个跨膜结构 ［图 4.1（A）］。
通过系统进化树分析发现 MoGt2 蛋白与禾谷镰刀菌（*Fusarium*

(A)

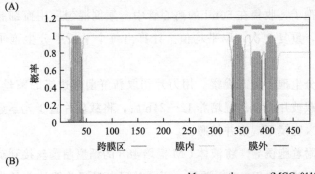

(B)

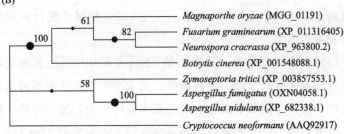

图 4.1　MoGt2 跨膜结构预测及与同源蛋白的系统进化分析

（A）TMHMM v.2.0 预测 MoGt2 包含 4 个跨膜结构（http：//
www. cbs. dtu. dk/services/TMHMM/）；（B）利用 MEGA v5.0 程序构建
MoGt2 与同源蛋白的系统进化树。节点上的数字表示发生的百分比

graminearum）XP＿011316405、粗糙脉孢菌（*Neurospora crassa*）XP＿963800、灰霉病菌（*Botrytis cinerea*）XP＿0015480881 和叶枯病菌（*Zymoseptoria tritici*）XP＿003857553 的同源性较高，分别达到 67.8％、66％、63％ 和 45％［图 4.1（B）］。而在酿酒酵母（*S. cerevisiae*）、裂殖酵母（*S. pombe*）以及人体致病菌念珠菌（*Candida*）中没有鉴定到 MoGt2 的同源蛋白。由此可见，MoGt2 在丝状真菌中非常保守。

4.3.2 稻瘟病菌 MoGT2 基因敲除载体的构建

为了明确 MoGt2 的生物学功能，利用同源置换的原理对其进行了敲除。首先从稻瘟菌全基因组序列数据库中获取 *MoGT2* 基因的序列，及其上下游各 1.5 kb 的序列设计左右臂的扩增引物 LB F/LB R 和 RB F/RB R(引物序列见附录 1)。以野生型 Guy11 基因组 DNA 为模板，分别用 LB F/LB R 和 RB F/RB R 扩增左右臂，切胶回收后采用边切边连的方法克隆至 p821 载体上，经测序验证正确后得到敲除载体 pKOGT2。

4.3.3 稻瘟病菌 MoGT2 敲除突变体和其互补菌株的获得

利用 ATMT 介导的方法将敲除载体 pKOGT2 转入野生型 Guy11 中，经潮霉素筛选，共获得 68 个转化子并提取其 DNA。经基因内部引物和潮霉素外部引物两轮 PCR 验证后，初步得到 8 个转化子（Δ*gt2*-1、Δ*gt2*-2、Δ*gt2*-4、Δ*gt2*-15、Δ*gt2*-20、Δ*gt2*-28、Δ*gt2*-39 和 Δ*gt2*-42）。利用 Southern blot 进行进一步验证，用限制性内切酶 *Hind* Ⅲ 消化野生型和敲除突变体的基因组 DNA，选左臂为探针。Southern blot 结果显示，野生型基因组检测到一条 3.4kb 的条带，Δ*gt2*-42 检测到两条带，其余 7 个转化子基因组均检测到一条 5.4kb 的条带［图 4.2(B)］，表明 Δ*gt2*-1、Δ*gt2*-2、

$\Delta gt2$-4、$\Delta gt2$-15、$\Delta gt2$-20、$\Delta gt2$-28 和 $\Delta gt2$-39 这 7 个转化子均为正确的敲除转化子。

为了验证敲除突变体的表型缺陷是由基因缺失引起的，进行了互补分析。以野生型基因组 DNA 为模板，用引物对 hb F/hb R 扩增 1.8kb 的自身启动子序列和 1.9kb 的 ORF 序列。切胶回收后克隆至载体上，经测序验证正确后得到互补载体。利用原生质体介导的方法将互补载体转化到 $\Delta gt2$-39 敲除突变体的原生质体中，经抗性筛选及表型测定成功获得互补菌株 $\Delta gt2$-39C。选取野生型菌株 Guy11、$\Delta gt2$-28、$\Delta gt2$-39 和互补菌株进行了 RT-PCR 验证，发现 $\Delta gt2$-28 和 $\Delta gt2$-39 中均没有检测到 $MoGT2$ [图 4.2(C)]，本书后续研究选取 $\Delta gt2$-28 和 $\Delta gt2$-39。

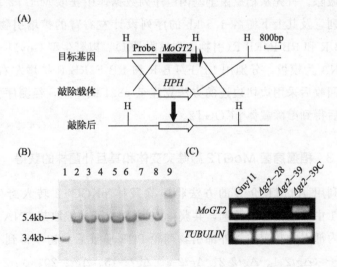

图 4.2 $MoGT2$ 基因的敲除

(A) 敲除载体 pKO-GT2 的构建和基因 $MoGT2$ 的敲除策略，H——$Hind$ Ⅲ；(B) Southern blot 分析，$Hind$ Ⅲ 消化野生型 Guy11 和 8 个 $\Delta gt2$ 突变体的基因组 DNA，选左臂为探针，泳道 1~9 分别是 Guy11、$\Delta gt2$-1、$\Delta gt2$-2、$\Delta gt2$-4、$\Delta gt2$-15、$\Delta gt2$-20、$\Delta gt2$-28、$\Delta gt2$-39 和 $\Delta gt2$-42；(C) RT-PCR 分析，β-tubulin 作为内参

4.3.4 MoGT2 参与调控稻瘟病菌的营养生长

为了研究 *MoGT2* 对稻瘟病菌营养生长的影响，将野生型
Guy11、敲除体（Δ*gt2*-28 和 Δ*gt2*-39）和互补菌株 Δ*gt2*-39C 分别
接种在 CM、MM 和 PDA 平板上，25℃培养 10d 并拍照、测量
记录。结果发现，与野生型 Guy11 相比，敲除体 Δ*gt2*-28 和 Δ*gt2*-
39 菌落生长明显减慢 ［图 4.3（A）和图 4.3（B）］。在 MM 和 PDA
平板上的生长情况与 CM 上一致。在 CM 液体培养基中摇培 2d
后，野生型菌株的菌丝球外围有较长且稀疏的菌丝，而敲除体

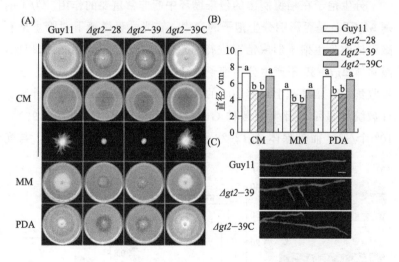

图 4.3 *MoGT2* 参与调控稻瘟病菌的营养生长

（A）、（B）将野生型菌株 Guy11、敲除突变体（Δ*gt2*-28 和 Δ*gt2*-39）
和互补菌株 Δ*gt2*-39C 的打孔菌丝块接种至 CM 平板上，10d 后观察菌
落形态并测定菌落直径。根据三个独立实验计算平均值和标准差，显
著性差异用 ＊＊号表示（*P*＜0.01）；（C）野生型菌株 Guy11、敲除突
变体 Δ*gt2*-39 和互补菌株 Δ*gt2*-39C 在 CM 平板上培养 1d 后顶端细胞
用 Calcofluor Whiter 染色观察，Bars＝20μm

$\Delta gt2$-28 和 $\Delta gt2$-39 的菌丝球较小且紧密。此外，对野生型
Guy11、敲除体 $\Delta gt2$-39 和互补菌株 $\Delta gt2$-39C 的菌丝进行了
CFW 染色。结果发现，与野生型和互补菌株相比，敲除体 $\Delta gt2$-
39 的菌丝间隔较多且细胞间隔较短 [图 4.3（C）]。同时发现
MoGT2 基因重新导入敲除体 $\Delta gt2$-39 后可完全恢复突变体在营养
生长上的缺陷。这些结果表明 *MoGT2* 参与调控稻瘟病菌的营养
生长。

4.3.5　MoGT2 影响稻瘟病菌分生孢子的产生

分生孢子在稻瘟病菌的侵染循环中起非常重要的作用。为了明
确 *MoGT2* 是否影响分生孢子的产生，在光学显微镜下对野生型和
敲除体的分生孢子形成情况进行了观察，发现与野生型菌株相比，
敲除体 $\Delta gt2$-39 不产生分生孢子梗和分生孢子 [图 4.4（A）]。进一
步收集 CM 培养基上培养 10d 的各菌株的分生孢子，血细胞计数板
计数统计显示，野生型菌株 Guy11 的产孢量是（29.6±1.96）×
10^6 个/皿，而敲除体 $\Delta gt2$-28 和 $\Delta gt2$-39 不产生分生孢子，与光

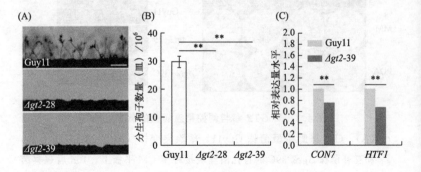

图 4.4　*MoGT2* 是产生分生孢子所必需的

（A）野生型菌株 Guy11、敲除突变体（$\Delta gt2$-28 和 $\Delta gt2$-39）分生孢子梗显微观察分
析，Bars=100μm；（B）产孢量测定；（C）产孢相关基因的表达量分析。根据三个
独立实验计算平均值和标准差，显著性差异用＊＊号表示（$P<0.01$）

学显微镜下的观察结果一致〔图 4.4(B)〕。qRT-PCR 分析发现敲除体 $\Delta gt2$-39 中与产孢相关的基因 *CON7* 和 *HTF1* 表达量明显下降（图 4.4(C)〕，表明 *MoGT2* 可能通过调控这些基因的表达从而影响分生孢子的产生。

4.3.6 MoGT2 是稻瘟病菌致病性和类附着胞形成所必需的

为了明确 *MoGT2* 在稻瘟病菌致病过程中的作用，进行了离体接种实验。由于敲除体 $\Delta gt2$ 不产生分生孢子，所以无法进行喷雾接种。选用菌块分别接种生长 7d 的大麦和生长 2 周的水稻叶片。接种 5d 后发现，野生型菌株和互补菌株能引起典型的病斑，而敲除体 $\Delta gt2$-28 和 $\Delta gt2$-39 不产生病斑。甚至在擦伤的大麦和水稻叶片上，敲除体 $\Delta gt2$-28 和 $\Delta gt2$-39 也不产生可见病斑〔图 4.5(A)〕，表明

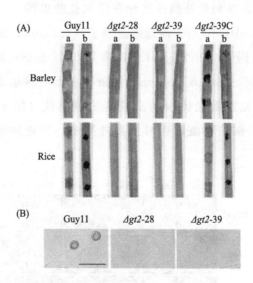

图 4.5 *MoGT2* 在稻瘟病菌侵入寄主和菌丝尖端附着胞的形成过程中起重要作用

（A）将各菌株菌块离体接种于大麦和水稻叶片上，a—完整叶片，b—划伤叶片；

（B）收集菌丝在疏水表面诱导菌丝附着胞的形成，Bars＝50μm

敲除体 $\Delta gt2$ 在寄主组织内侵染菌丝的扩展也受到抑制。因此，*MoGT2* 不仅影响侵入，也参与寄主组织内的扩展。

稻瘟病菌也可在菌丝尖端形成类附着胞结构（appressorium-like structures，ALS），由于敲除体 $\Delta gt2$ 不能产生分生孢子，进行了菌丝尖端附着胞诱导实验。结果发现，野生型菌株的菌丝在疏水玻片上能形成类附着胞结构，而敲除体 $\Delta gt2$-28 和 $\Delta gt2$-39 即使延长诱导时间也不能形成类附着胞 [图 4.5（B）]，表明 *MoGT2* 参与调控 ALS 的形成。

4.3.7 MoGT2 参与调控稻瘟病菌对外界胁迫的应答

为了验证 *GT2* 是否参与对外界胁迫的应答，将野生型菌株、敲除体菌株和互补菌株接种在添加盐胁迫因子（0.7mol/L NaCl，1.0mol/L KCl）、渗透胁迫因子（1.0mol/L Sorbitol）和细胞壁胁迫因子（200μg/mL CR 和 0.01% SDS）的 CM 平板上，25℃培养 10d，统计并分析各菌株在不同胁迫条件下的抑制率。结果发现敲除体表现出较高的敏感性（图 4.6），表明 *MoGT2* 参与调控稻瘟病菌对外界盐胁迫、渗透胁迫及细胞壁胁迫的应答。

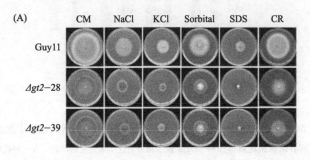

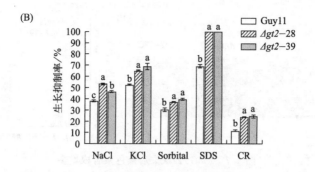

图 4.6 Δgt2 突变体对外界胁迫的应答

(A)、(B) 将野生型菌株 Guy11 和敲除体 (Δgt2-28 和 Δgt2-39) 接种在分别含有 0.7mol/L NaCl、1.0mol/L KCl、1.0mol/L Sorbitol、200μg/ml CR 和 0.01% SDS 的 CM 平板上，培养 10d 后观察菌落形态并测定菌落直径计算抑制率。根据三个独立实验计算平均值和标准差，显著性差异用 ** 号表示 ($P < 0.01$)

此外，我们注意到在液体培养基中摇培 2d 后，敲除体明显变黑，说明敲除体中积累了大量黑色素 [图 4.7(A)]。qRT-PCR 结果显示，敲除体中与黑色素合成相关的基因 *ALB1* 和 *BUF1* 表达量明显上调 [图 4.7(B)]，表明 *MoGT2* 参与调控黑色素的合成。也对野生型和敲除体菌株的细胞壁进行了透射电子显微镜观察，但并没有明显差异 (图 4.8)。

4.3.8　MoGT2 参与调控菌丝的疏水性

表面疏水性对包括稻瘟病菌在内的植物病原真菌的致病性非常重要 (Talbot et al., 1993; Paris et al., 2003; Kim et al., 2005)。突变体表现为"易润湿"表型可能主要是由气生菌丝的严重缺陷引起的，观察到敲除体 Δgt2-28 和 Δgt2-39 的菌落形态与野生型相比有很大差异，气生菌丝较少。为了检测 *MoGT2* 是否调

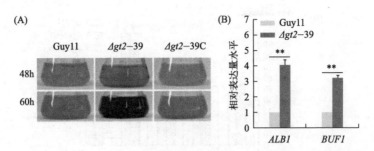

图 4.7　*MoGT2* 缺失后黑色素合成增多

(A) 将野生型菌株 Guy11、敲除突变体 Δ*gt2*-39 和互补菌株 Δ*gt2*-39C
接种于液体 CM 培养基中，培养 48h 和 60h 后拍照记录；(B) 黑色素
合成相关基因的表达量分析。根据三个独立实验计算平均值和标准差，
显著性差异用 ** 号表示（$P < 0.01$）

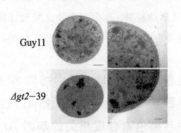

图 4.8　稻瘟病菌细胞壁透射显微镜观察

[菌丝横截面，Bar=500nm(左)；左侧菌丝横截面放大倍数后观察，
Bar=200nm(右)]

控稻瘟病菌菌落疏水性，进行了疏水性测定实验。将 $10\mu l$ 去离子
水或去污剂（0.2% SDS 和 50mm EDTA）分别点接在生长 11d 的
野生型 Guy11 和敲除体（Δ*gt2*-28 和 Δ*gt2*-39）菌落表面。培养
24h 后，野生型 Guy11 菌落表面的水滴仍呈圆珠状，表现出很强
的疏水性，而敲除突变体表面的菌丝已逐渐浸润。当用去污剂处理
时，与野生型相比，Δ*gt2* 突变体表面滴加去污剂的菌丝立即浸润，
并迅速扩展到周围的气生菌丝，表现出较强的亲水性 [图 4.9

（A）]。这些结果表明，*MoGT2* 对稻瘟病菌菌丝的疏水性有调节作用。此外，进行了 qRT-PCR 分析，发现 Δ*gt2* 突变体中疏水蛋白编码基因 *MPG1* 的表达水平明显降低 [图 4.9(B)]，表明 *MoGT2* 可能通过影响疏水蛋白编码基因 *MPG1* 的表达来调控菌丝的疏水性。

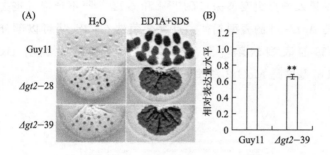

图 4.9　Δ*gt2* 菌丝疏水性降低

（A）将 10μl 去离子水或去污剂（0.2% SDS 和 50mm EDTA 滴在野生型菌株 Guy11 和敲除体（Δ*gt2*-28 和 Δ*gt2*-39）的菌落表面，24h 后拍照记录；　（B）基因 *MPG1* 在野生型菌株 Guy11 和敲除体 Δ*gt2*-39 的表达量分析。根据三个独立实验计算平均值和标准差，显著性差异用 ** 号表示（$P < 0.01$）

4.3.9　DxD 和 QxxRW 是 MoGt2 发挥功能所必需的

家族 2(GT2) 中的许多糖基转移酶都含有两个保守的基序：DxD 和 QxxRW，分别位于核酸结合区和受体结合区（Charnock et al. , 2001；Coutinho et al. , 2003；Saxena et al. , 1995）。序列分析显示 MoGt2 中也含有这两个基序 [图 4.10(A)]。为了明确这两个基序是否影响 MoGt2 的功能，进行了点突变互补试验。以野生型基因组 DNA 为模板，用引物对 Gt2 up F/D156R R 和 D156R

F/Gt2 down R 分别扩增第 156 位 D 上下游的序列，切胶回收后克隆至载体上，经测序验证正确后得到点突变载体 pGt2^{D156R}，通过同样的方法获得点突变载体 pGt2^{D158R} 和 pGt2^{Q301R}。利用原生质体介导的方法将各点突变载体分别转化到 $\Delta gt2$-39 的原生质体中，经抗性筛选及 PCR 验证获得各点突变菌株。对各突变体进行表型分析，结果发现点突变菌株 $GT2^{D156R}$ 和 $GT2^{D158R}$ 不产孢且丧失致病力，与 $\Delta gt2$-39 的表型相似，点突变菌株 $GT2^{Q301R}$ 可以部分恢复 $\Delta gt2$-39 的表型缺陷 [图 4.10（B）]。这些结果表明 DxD 和 QxxRW 基序是 MoGt2 发挥正常功能所必需的。

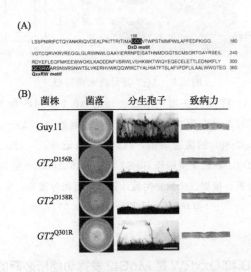

图 4.10　MoGt2 蛋白 DxD 和 QxxRW 基序的功能分析

（A）序列分析显示 MoGt2 中含有 DxD 和 QxxRW 两个基序；

（B）DxD 和 QxxRW 的功能分析

4.3.10　MoGT2 缺失引起蛋白糖基化谱改变

为了筛选 MoGt2 的潜在底物，对野生型菌株、敲除体菌株

和互补菌株进行了蛋白糖基化谱分析。将野生型菌株、敲除体菌
株和互补菌株的蛋白进行 SDS-PAGE，然后根据糖蛋白染色试剂
盒操作说明进行糖蛋白染色。结果发现，敲除体中存在一个 65～
75 kDa 的条带（图 4.11），对其进行了质谱分析鉴定，前 5 个候
选蛋白见表 4.1，这些候选蛋白与 MoGt2 的关系还需要进一步的
研究。

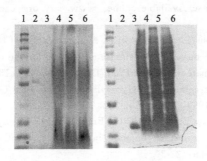

图 4.11　糖基化蛋白染色实验

提取野生型菌株、敲除体菌株和互补菌株的总蛋白，并进行

SDS-PAGE 电泳。泳道 1～6 分别是阳性对照、阴性对照、

Guy11、$\Delta gt2$-39 和 $\Delta gt2$-39C。根据糖蛋白染色试剂盒进行染

色（左）和考马斯亮蓝染色（右）

表 4.1　质谱分析鉴定的前 5 个蛋白

Uniprot ID	预测的蛋白
G4N296	Mycocerosic acid synthase
G4MVB0	Elongation factor 2
G4MLM8	Heat shock protein 90
G4MQ02	Aminopeptidase
G4MNH8	Hsp70-like protein

152

水稻稻瘟病菌致病机理
及防控技术

参考文献

[1] Breton C, Fournel-Gigleux S, Palcic M M. Recent structures, evolution and mechanisms of glycosyltransferases. *Curr Opin Struct Biol*, 2012, 22: 540-549.

[2] Chang Y C, Jong A, Huang S, et al. *CPS1*, a homolog of the Streptococcus pneumoniae type 3 polysaccharide synthase gene, is important for the pathobiology of *Cryptococcus neoformans*. *Infect Immun*, 2006, 74: 3930-3938.

[3] CAZy Database. Available online: www. cazy. org (accessed on 20 May 2019).

[4] Chen X L, Shi T, Yang J, et al. N-glycosylation of effector proteins by an alpha-1, 3-mannosyltransferase is required for the rice blast fungus to evade host innate immunity. *Plant Cell*, 2014, 26: 1360-1376.

[5] Dean N. Asparagine-linked glycosylation in the yeast Golgi. *Biochim Biophys Acta*, 1999, 1426: 309-322.

[6] Fu C, Sokolow E, Rupert C B, Free S J. The *Neurospora crassa CPS-1* polysaccharide synthase functions in cell wall biosynthesis. *Fungal Genet Biol*, 2014, 69: 23-30.

[7] Guo M, Tan L, Nie X, et al. The Pmt2p-mediated protein O-Mannosylation is required for morphogenesis, adhesive properties, cell wall integrity and full virulence of *Magnaporthe oryzae*. *Front Microbiol*, 2016, 7: 630.

[8] Helenius A, Aebi M. Roles of N-linked glycans in the endoplasmic reticulum. *Annu Rev Biochem*, 2004, 73, 1019-1049.

[9] Hubbard S C, Ivatt R J. Synthesis and processing of Asparagine-linked oligosaccharides. *Annu Rev Biochem*, 1981, 50: 555-583.

[10] Kelleher D J, Gilmore R. An evolving view of the eukaryotic oligosaccharyltransferase. *Glycobiology*, 2006: 16: 47R-62R.

[11] King R, Urban M, Lauder R P, et al. A conserved fungal glycosyltransferase facilitates pathogenesis of plants by enabling hyphal growth on solid surfaces. *PLoS Pathog*, 2017, 13: e1006672.

[12] Lairson L L, Henrissat B, Davies G J, et al. Glycosyltransferases: structures, functions, and mechanisms. *Annu Rev Biochem*, 2008, 77: 521-555.

[13] Li M Y, Liu X Y, Liu Z X, et al. Glycoside hydrolase MoGls2 controls asexual/sexual development, cell wall integrity and infectious growth in the rice blast fungus. *PloS One*, 2016, 11: e0162243.

[14] Lombard V，Golaconda Ramulu H，Drula E，et al. The carbohydrate-active enzymes database（CAZy）in 2013. *Nucleic Acids Res*，2014，42，D490-495.

[15] Pan Y，Pan R，Tan L，et al. Pleiotropic roles of O-mannosyltransferase MoPmt4 in development and pathogenicity of *Magnaporthe oryzae*. *Curr Genet*，2019，65：223-239.

[16] Shwartz F，Aebi M. Mechanisms and principles of N-linked protein glycosylation. *Curr Opin Struct Biol*，2011，21：576-582.

[17] Sinnott M L. Catalytic mechanisms of enzymatic glycosyl transfer. *Chem Rev*，1990，90：1171-1202.

[18] Strasser R. Plant protein glycosylation. *Glycobiology*，2016，26：926-939.

第五章

稻瘟病菌综合防控技术

    稻瘟病被称为"水稻癌症"，每年可造成10%～30%的产量损失，严重影响了水稻的产量和品质，对全球粮食安全造成了巨大影响（Talbot，2003；Dean et al.，2012）。随着全球气候变化，稻瘟病的暴发有越来越严重的趋势，据全国农业技术推广服务中心统计，2005年以前国内年发病面积在380万公顷左右，2005年超过500万公顷，2010年稻瘟病流行，发病面积高达600万公顷，实际产量损失甚至超过145万吨（https：//www. natesc. org. cn/）（刘明津等，2020）。近年来，随着植保部门防控力度加强、科研院所科研投入加大和农民防控意识不断增强，稻瘟病造成的损失明显下降。但遇到有利气候条件和品种抗性下降等因素，稻瘟病依然在局部会暴发流行。例如，2014年，稻瘟病在长江中下游稻区突发流行。据统计，全国发病面积513.6万公顷，造成实际损失55.8万吨（陆明红等，2015）。因此，有效地防控稻瘟病对保障粮食生产安全具有重要的经济意义。

    在稻瘟病的防治上，我国目前采用预防为主、综合防治的防控策略，推进绿色防控、统防统治，实现控害保产、提质增效。以选用抗（耐）病虫品种、建立良好稻田生态系统、培育健康水稻为基础，落实生态调控和农艺措施，优先应用生物防治等非化学绿色防控措施，合理安全应用高效低风险农药，保障水稻生产绿色高质高效。

5.1 选育抗病品种

　　选育抗病品种是目前防治稻瘟病最经济有效的方法，主要包括杂交育种（Cui et al.，2020）、花药培养（Arisandi et al.，2020）、分子标记（Chu et al.，2021）等方法，通过定位稻瘟病抗性基因提高宿主植物的抗病性，进而选育出多个抗性品种。迄今已鉴定到的抗稻瘟病基因超过 100 个，与稻瘟病相关的抗性 QTL 超过 500 个，其中约 40 个抗性基因已被克隆（Li et al.，2019）。*Pi-ta* 位于水稻第 12 号染色体上，是最早被克隆的主效抗稻瘟病基因之一，编码 1 个细胞质膜受体蛋白，含 928 个氨基酸（王忠华等，2004）。Bryan 等研究发现，抗病基因 *Pi-ta* 的编码产物可以与稻瘟病菌中对应的无毒基因的表达产物相互作用，激发水稻的抗病反应，从而表现出抗病性（Bryan et al.，2020）。邢运高等对黄淮稻区早熟水稻品种（品系）的稻瘟病抗性与抗性基因相关性进行分析，结果发现携带抗性基因 *Pi-ta* 的品系，2019 年与 2020 年抗性比例分别为42.6% 和 49.2%，说明 *Pi-ta* 基因对黄淮稻区早熟品种稻瘟病的抗性发挥着重要作用（邢运高等，2021）。抗性基因 *Pigm* 来自我国地方品种谷梅 4 号，具有抗性持久、抗谱广的特点，且与不同抗性基因组合后的抗性表现更佳（Deng et al.，2017；于苗苗等，2013；吴云雨，2021；Wu et al.，2019）。陈等通过杂交及不完全回交，利用与 *Pigm* 基因紧密连锁的分子标记对其进行辅助选择，结合田间农艺综合性状评价，育成抗稻瘟病水稻新品种扬农粳3091，综合抗性好、丰产稳产性好（陈宗祥等，2022）。选育抗性品种是防治稻瘟病最经济有效的策略，但由于抗性品种的单一化、稻瘟病菌生理小种致病的多样性和遗传的复杂性（Chuma et al.，2011），导致抗病品种连续种植后易失去抗性，且选育新品种耗时较长，使得仅通过选育抗病品种防治稻瘟病难度较大。

5.2　化学防治

化学防治具有方便、经济有效、快速等优点，是稻瘟病菌应急防控的首选措施。防控稻瘟病的化学药剂主要分为以下几类：①以波尔多液为代表的重金属化合物杀菌剂，该类药剂主要影响菌体的己糖激酶、丙酮酸激酶和丙酮酸脱羧酶，从而阻断糖酵解过程及能量的形成导致病原菌死亡，但防治效果不理想且易产生药害（Yamaguchi，1982；Gaikwad & Nimbalkar，2005；丁锦华等，1995）；②以杀稻瘟素和春雷霉素为代表的抗生素类杀菌剂，主要影响菌体蛋白质的合成（Tanaka et al.，1966；Kerridge，1958）；③以四氯苯肽为代表的有机氯类杀菌剂，可专门用于防治稻瘟病，具有较强的保护作用，其对黑色素的生物合成具有抑制作用，且能有效减少稻瘟病菌附着胞的形成，从而阻止稻瘟病菌的侵入（Yamaguchi，et al.，1983）；④稻瘟灵和以稻瘟净、异稻瘟净为代表的有机磷类杀菌剂，它们主要影响菌体磷脂质的生物合成（Kodama，et al.，1980；Ishizaki，et al.，1983；Uesugi，et al.，2001）；⑤以三环唑为代表的黑色素合成抑制剂，该类杀菌剂作用于黑色素合成过程中的还原酶，通过抑制附着胞形成过程中的黑色素合成，进而阻碍侵染钉穿透寄主表皮（Yamaguchi，1992）；⑥以三唑酮、戊唑醇、丙环唑为代表的脱甲基抑制剂类（DMI）类，该类杀菌剂属于麦角甾醇合成抑制剂（Sterol Biosynthesis Inhibitors，SBIs），通过抑制甾醇合成过程中关键酶的活性影响麦角甾醇的合成，进而影响菌体细胞膜结构的完整性（Georgopapadakou，et al.，1994；Ji，et al.，2000；Ruge，et al.，2005），达到杀菌的目的。但由于该类杀菌剂作用位点单一，已经有许多植物病原菌对该类杀菌剂产生较强的抗性（Gao，et al.，2009）；⑦甲氧基丙烯酸酯类杀菌剂主要包含嘧菌酯、苯氧菌酯和苯氧菌胺等，该类化合物主要作用于真菌线粒体的呼吸链，与电子传递链中的复合物Ⅲ结合，阻断电子由细胞色素 bc1（Cytbc1）复合物流向细胞色素 c（Cytc），进而抑制真菌的呼吸作用（Wu & von Tiedemann, 200；Jordan, et al., 1999）。

目前生产上主要以黑色素合成抑制剂、脱甲基抑制剂类和甲氧基丙烯酸酯类为主。由于稻瘟病菌遗传的复杂性和生产上大量且不合理的农药施用，稻瘟病菌的抗药性问题日益严重，直接影响杀菌剂防治效果和防治成本，并导致了严重的环境污染和食品安全等问题（Castroagudín, et al., 2015；Dorigan, et al., 2019；张传清等，2009）。

5.3　生物防治

生物防治主要是利用生物活体或其产生的代谢活性成分来对抗植物病虫害侵扰，对植物本身生长发育具有一定的调节与促进作用。优点是低毒、环保、不易产生抗性、环境兼容性好、生物活性高、生产原料广泛等（Eljounaidi, et al., 2016；邵杰，2008）。随着生物技术的发展，生物防治在植物病害综合防控中的地位和作用越来越重要。生物农药根据其来源分为微生物源农药和植物源农药。

5.3.1　微生物源农药

微生物源农药是利用环境中的微生物或其次生代谢产物抑制甚至杀死病原菌。主要的微生物源农药有真菌类、放线菌类和细菌类。目前研究最深入的是细菌类，其品种众多、生长快速、易于培养、抗逆性强。在细菌类生防微生物中，芽孢杆菌属和假单胞菌属相关研究较多，对稻瘟病菌的防治具有较好的应用潜力。祖雪等从感病水稻株中筛选出对稻瘟病菌具有抑制作用的拮抗细菌，通过形态学观察、生理生化鉴定及 16S rDNA 序列分析，鉴定出拮抗菌株为枯草芽孢杆菌，其对稻瘟病的盆栽防治效果可达 60.23%（祖雪等，2022）。沙月霞等试验证明嗜碱假单胞菌菌株 Ej2 及其挥发性物质对稻瘟病菌菌丝生长具有显著的拮抗作用，对水稻叶瘟的温室防治效果为 78.26%，此外，还对多种植物病原真菌兼具抑菌活性，可以明显促进水稻种子萌发和植株生长（沙月霞等，2022）。

5.3.2 植物源农药

植物源农药与环境相容性好，低毒且易降解，是一种新型安全高效的植物病害防治剂。利用植物源农药防治稻瘟病，更有利于从宏观和微观上恢复与重建以自然调控为核心的生态系统，实现水稻植株微生态系统的平衡，展现出广阔的应用前景和市场潜力。近年来，国内外学者从多种天然抗病虫害中药材的粗提物入手，发现具有抑制稻瘟病菌的植物资源，进而进行活性成分的分析研究，为新型、绿色、高效植物源杀菌剂的研发奠定基础。Qiao 等通过生长速率法和孢子萌发法测定了 7 种石蒜属植物鳞茎提取物对稻瘟病菌的抑菌活性，结果表明石蒜提取物能有效抑制稻瘟病菌的菌丝生长和孢子萌发，此外其主要活性成分石蒜碱对稻瘟菌具有良好的抑菌活性（Qiao，et al.，2023）。Adeosun 等研究发现富含芳香脂的中药材非洲黑椒种子、丁香罗勒及藤黄可乐坚果的正己烷提取物，对稻瘟病菌的生长和发育抑制效果达 97% 以上，处理水稻种子可减轻叶瘟的发生程度（Adeosun & Onasanya，2015）。

参考文献

[1] 陈宗祥，冯志明，张亚芳，等.分子标记辅助选择育成抗稻瘟病粳稻新品种扬农粳 3091.中国稻米.2022，28（06）：107-109.
[2] 丁锦华，徐雍皋，李希平.植物保护词典.南京：江苏科学技术出版

社，1995.

[3] 刘明津，汪文娟，冯爱卿，等．稻瘟病综合防控技术研究进展．西北农业学报，2020，29（9）：10.

[4] 陆明红，刘万才，朱凤，等．2014年稻瘟病重发原因分析与治理对策探讨．中国植保导刊，2015，（6）：6.

[5] 沙月霞，黄泽阳，马瑞．嗜碱假单胞菌Ej2对稻瘟病的防治效果及对水稻内源激素的影响．中国农业科学，2022，55（02）：320-328.

[6] 邵杰．生物农药研究进展．安徽科技学院学报，2008，22（5）：10-14.

[7] 王忠华，贾育林，吴殿星，等．水稻抗稻瘟病基因Pi-ta的分子标记辅助选择．作物学报，2004，30（12）：1259-1265.

[8] 邢运高，刘艳，迟铭，等．黄淮稻区早熟水稻品种（品系）穗颈瘟抗性分析．江苏农业学报，2021，37（05）：1089-1099.

[9] 张传清，周明国，朱国念．稻瘟病化学防治药剂的历史沿革与研究现状．农药学学报，2009，11：72-80.

[10] 祖雪，周珊，朱华珺，等．枯草芽孢杆菌K-268的分离鉴定及对水稻稻瘟病的防病效果．生物技术通报，2022，38（06）：136-146.

[11] Adeosun B O & Onasanya O R. Efficacy of n-hexane plant extracts in the control of rice blast diseas. *Appl Trop Agric*，2015，20（1）：37-41.

[12] Arisandi D P，Paradisa F V，Sugiharto B，et al. Effect of ethylene inhibitor，type of auxin，and type of sugar on anther culture of local East Java aromatic rice varieties. *J Crop Sci Biotechnol*，2020，23：367-373.

[13] Bryan G T，Wu K S，Farrall L，et al. tA single amino acid difference distinguishes resistant and susceptible alleles of the rice blast resistance gene *Pi-ta*. *Plant Cell*，2000，12（11），2033-2046.

[14] Castroagudín V L，Ceresini P C，de Oliveira S C，et al. Resistance to QoI fungicides is widespread in Brazilian populations of the wheat blast pathogen *Magnaporthe oryzae*. *Phytopathology*，2015，105（3）：284-294.

[15] Chu H，Tu R，Niu F，Zhou J，et al. A New PCR/LDR-based multiplex functional molecular marker for marker-assisted breeding in rice. *Rice Sci*，2021，28（1）：6.

[16] Chuma I，Isobe C，Hotta Y，et al. Multiple translocation of the AVR-Pita effector gene among chromosomes of the rice blast fungus *Magnaporthe oryzae* and related species. *PLoS Pathog*，2011，7（7）：e1002147.

[17] Cui Y，Li R，Li G，et al. Hybrid breeding of rice via genomic selection. *Plant Biotechnol J*，2020，18（1）

[18] Deng Y，Zhai K，Xie Z，et al. Epigenetic regulation of antagonistic re-

ceptors confers rice blast resistance with yield balance. *Science*, 2017, 355 (6328): 962-965.

[19] Dean R, Van Kan J A, Pretorius Z A, et al. The Top 10 fungal pathogens in molecular plant pathology. *Mol Plant Pathol*, 2012, 13 (4): 414-430.

[20] Dorigan A F, Carvalho G D, Poloni N M, et al. Resistance to triazole fungicides in *Pyricularia* species is associated with invasive plants from wheat fields in Brazil. *Acta Sci Agron*, 2019, 41: 39332.

[21] Eljounaidi K, Lee S K, Bae H. Bacterial endophytes as potentialbiocontrol agents of vascular wilt diseases-review and future prospects. *Biol Control*, 2016, 103: 62-68.

[22] Gaikwad A P & Nimbalkar C A. Phytotoxicity of copper fungicides to guava fruits. *J Environ boil*, 2005, 26 (1): 155-156.

[23] Gao L, Berrie A, Yang J, et al. Within- and between-orchard variability in the sensitivity of Venturia inaequalis to myclobutanil, a DMI fungicide, in the UK. *Pest Manag Sci*, 2009, 65: 1241-1249.

[24] Georgopapadakou N H, Walsh T J. Human mycoses: drugs and targets for emerging pathogens. *Science*, 1994, 264 (5157), 371.

[25] Ishizaki H, Yajima A, Kohno M & Kunoh H. Effect of isoprothiolane on *Pyricularia oryzae* Cavara (I) cell wall regeneration of protoplasts. *Japanese J Phytopathology*, 1983, 49 (4): 471-480.

[26] Ji H, Zhang W, Zhou Y, et al. A three-dimensional model of lanosterol 14alpha-demethylase of *Candida albicans* and its interaction with azole antifungals. *Jmed Chem*, 2000, 30 (6): 2493-2505.

[27] Jordan D B, Livingston R S, Bisaha J J, et al. Mode of action of famoxadone. *Pestic Sci*, 1999, 55 (2): 105-118.

[28] Kerridge D. The Effect of Actidione and other Antifungal Agents on Nucleic Acid and Protein Synthesis in Saccharomyces carlsbergensis. *Microbiology*, 1958, 19 (3): 497-506.

[29] Kodama O, Yamashita K, Akatsuka T. Mechanisms of action of organophosphorus fungicides. II. Edifenphos, inhibitor of phosphatidylcholine biosynthesis in *Pyricularia oryzae*. *Biosci Biotech Bioch*, 1980: 44 (1): 1015-1021.

[30] Li W, Chern M, Yin J, et al. Recent advances in broad-spectrum resistance to the rice blast disease. *Curr opin in plant boil*, 2019, 50: 114-120.

[31] Qiao S, Yao J, Wang Q, et al. Antifungal effects of amaryllidaceous alkaloids from bulbs of *Lycoris* spp. against *Magnaporthe oryzae*. *Pest Manag Sci*, 2023, 79 (7): 2423-2432.

[32] Ruge E, Korting H C, Borelli C. Current state of three-dimensional characterisation of antifungal targets and its use for molecular modelling in drug design. *Int J Antimicrob Ag*, 2005, 26 (6): 427.

[33] Talbot N J. On the trail of a cereal killer: Exploring the biology of *Magnaporthe grisea*. *Annu Rev Microbiol*, 2003, 57: 177-202.

[34] Tanaka N, Yamaguchi H & Umezawa H. Mechanism of kasugamycin action on polypeptide synthesis. *J Biochem*, 1966, 60 (4): 429-434.

[35] Uesugi Y. Fungal choline biosynthesis-a target for controlling rice blast. *Pestic Outl*, 2001, 12 (1): 26-27.

[36] Wu Y, Xiao N, Chen Y, et al. Comprehensive evaluation of resistance effects of pyramiding lines with different broad-spectrum resistance genes against *Magnaporthe oryzae* in rice (*Oryza sativa* L.). *Rice*, 2019, 12 (1): 11.

[37] Wu Y X & von Tiedemann A. Physiological effects of azoxystrobin and epoxiconazole on senescence and the oxidative status of wheat. Pesticide Biochemistry and Physiology, 2001, 71 (1): 1-10.

[38] Yamaguchi I. Fungicides for control of rice blast disease. *J Pestic Sci*, 1982, 7 (3): 307-316.

[39] Yamaguchi I, Sekido S, Misato T. Inhibition of appressorial melanization in *Pyricularia oryzae* by non-fungicidal anti-blast chemicals. *J Pestic Sci*, 1983, 8 (2): 229-232.

[40] Yamaguchi I. Target sites of melanin biosynthesis inhibitors. *Target Sites Fungicide Action*, 1992, 101-118.

第六章

结论与讨论、创新点与展望

6.1 结论与讨论

6.1.1 MoPEX1 是稻瘟病菌侵染相关形态分化和致病性所必需的

稻瘟病菌侵入寄主表皮依赖于附着胞内形成的巨大的膨压，而膨压主要来自甘油的积累（Howard et al.，1991；Talbot et al.，2003）。附着胞内脂类的降解是迅速产生甘油的有效途径，同时也产生了脂肪酸，而 β-氧化是脂肪酸代谢的主要途径（Thines et al.，2000）。先前的研究表明过氧化物酶体生物合成和脂肪酸 β-氧化是稻瘟菌附着胞介导的侵染的先决条件（Ramos-Pamplona et al.，2006；Wang et al.，2007）。本书中鉴定了 *MoPEX1* 基因，它对过氧化物酶体基质蛋白输入和脂类降解起非常重要的作用。我们的研究结果显示，Δ*Mopex1* 突变体致病性丧失并在侵染相关的形态发生上存在缺陷。Δ*Mopex1* 突变体不能形成成熟的附着胞，无法穿透寄主表皮，最终导致致病性完全丧失。同时在光学显微镜和透射电子显微镜下观察发现 Δ*Mopex1* 的附着胞呈畸形状态。因此，*MoPEX1* 在附着胞介导的侵染过程中起非常重要的作用。虽然 Pex1 在丝状真菌中比较保守，但上述有关稻瘟病菌 *MoPEX1* 基因在形态分化和致病性中作用的报道尚属首次。

MoPEX1 的缺失破坏了过氧化物酶体的合成和脂肪酸的 β-氧化，也减少了乙酰 CoA 的产生。推测可能有三方面的原因导致 Δ*Mopex1* 致病性丧失。首先，乙酰辅酶 A 可能不能有效参与乙醛酸循环和糖异生途径来提供细胞壁生成所需的葡聚糖和几丁质的合成（Howard et al.，1996）。这一点由以下证据支持：首先，外源添加的葡萄糖能使 Δ*Mopex1* 突变体附着胞的功能得到部分恢复 [图 2.8(B)]；第二，Δ*Mopex1* 突变体膨压的缺陷可能是缺乏乙酰辅酶 A 导致的 [图 2.12(A) 和图 2.12(B)]，因为脂肪酸 β-氧化产生的乙酰辅酶 A 可以通过乙醛酸循环和糖异生途径提供合成甘油的前体；第三，β-氧化产生的较低水平的乙酰 CoA 可通过二羟基萘途径（dihydroxynaphthalene）影响黑色素的生物合成，而附着胞的黑色素层对于稻瘟病菌的侵染是至关重要的（Howard et al.，1991；de Jong et al.，1997；Howard et al.，1996；Money et al.，1996）。本研究的结果 [图 2.12(C) 和图 2.12(D)] 与上述观点一致，Δ*Mopex1* 突变体附着胞中的黑色素层较野生型薄，并且突变体中的黑色素生物合成相关基因的表达水平显著降低。综上所述，由于细胞内乙酰辅酶 A 的减少可能引起这些缺陷，最终可能导致了 Δ*Mopex1* 突变体致病性丧失。另外，还注意到，与野生型菌株相比，Δ*Mopex1* 突变体在划伤的水稻叶片上只能形成非常局限的病斑 [图 2.8(C)]。因此 *MoPEX1* 不仅影响稻瘟病菌的侵染，而且对寄主组织内的扩展也是非常重要的。

过氧化物酶体基质蛋白的输入依赖于其自身序列的定位信号（PTS1 或 PTS2）。在黄瓜炭疽菌（*C. lagenarium*）中，*ClPEX6* 的缺失阻断了 PTS1 基质蛋白的输入（Kimura et al.，2001）。稻瘟菌中的 *MoPEX5* 和 *MoPEX6* 参与 PTS1 基质蛋白的输入，*MoPEX7* 参与 PTS2 基质蛋白的输入（Goh et al.，2011；Wang et al.，2007；Wang et al.，2013）。最近，有研究报道 Δ*Mopex19* 突变体中 PTS1 和 PTS2 基质蛋白的输入都受到影响（Li et al.，

2014)。本研究比较了野生型菌株和 Δ*Mopex1* 突变体中的 GFP-
PTS1 和 PTS2-GFP 的分布，结果发现在表达 GFP-PTS1 和 PTS2-
GFP 的 Δ*Mopex1* 突变体的分生孢子中 GFP 荧光分布在细胞质中
（图 2.14）。这一结果表明与 *MoPEX5*、*MoPEX6*、*MoPEX7* 和
MoPEX19 类似，*MoPEX1* 在过氧化物酶体基质蛋白的输入中也
发挥重要作用。此外，也观察了转化子 Guy11/ GFP-PMP47 和
Δ*Mopex1*/ GFP-PMP47 的荧光分布情况，共聚焦显微镜观察发
现：野生型分生孢子中的荧光呈点状分布，而敲除体中的荧光大部
分呈点状分布，但仍有一些分布在细胞质中，并且与野生型相比，
敲除体菌丝中的点状 GFP 荧光似乎更大（图 2.15）。这些结果表
明 *MoPEX1* 的缺失可能也部分影响了过氧化物酶体膜蛋白的
输入。

脂肪在三酰甘油脂肪酶的催化作用下产生甘油和脂肪酸。而过
氧化物酶体是脂肪酸 β-氧化的重要场所。在黄瓜炭疽病菌
（*C. lagenarium*）中，Δ*Clpex6* 突变体过氧化物酶体功能缺陷导致
其不能利用长链脂肪酸（Kimura et al.，2001）。稻瘟菌中的
Δ*Mopex5*、Δ*Mopex6* 和 Δ*Mopex7* 也不能利用长链脂肪酸，而
Δ*Mopex19* 突变体虽能利用长链脂肪酸，但在长链脂肪酸培养基上
生长明显变慢（Goh et al.，2011；Ramos-Pamplona et al.，2006；
Wang et al.，2013；Li et al.，2014）。此外，酵母中 *pex1* 缺陷突
变体也不能在以油酸作为唯一碳源的培养基上生长（Krause et
al.，1994；Heyman et al.，1994）。与这些 *pex* 突变体类似，
Δ*Mopex1* 突变体在脂类利用方面也存在缺陷，但对葡萄糖和醋酸
盐的利用不受影响（图 2.18）。此外，Δ*Mopex1* 突变体中脂滴的
转运和降解效率显著降低（图 2.17）。以上结果表明 *MoPEX1* 在
脂肪酸的代谢过程中起重要作用。

在酵母中，Pex1 可与 Pex6 互作形成一个复合体来参与 Pex5
的循环（Collins et al.，2000；Platta et al.，2005）。本研究的酵

母双杂交实验也证实 MoPex1 与 MoPex6 存在直接的蛋白互作（图 2.19）。进一步通过 qRT-PCR 分析了 *MoPEX6* 在 Δ*Mopex1* 突变体中的表达水平。结果表明，*MoPEX6* 在 Δ*Mopex1* 突变体的菌丝和附着胞中表达水平上调（图 2.20）。然而，*MoPEX1* 和 *MoPEX6* 以及其他过氧化物酶体基因之间的确切关系还需进一步的研究。

6.1.2　MoSom1 第 227 位丝氨酸残基的磷酸化对分生孢子的产生、附着胞的分化及致病性至关重要

本实验室前期通过对 MoSom1 进行生物信息学分析发现，MoSom1 中含有 8 个预测的 PKA 磷酸化位点，通过点缺失实验发现只有 Δ*Mosom1*/*MoSOM1*$^{\Delta 227,228}$ 转化子对大麦丧失致病性，菌落形态与 Δ*Mosom1* 相似，并且也不能产生分生孢子，说明这两个位点可能是 MoSom1 的关键 PKA 磷酸化位点。

本实验室徐林硕士对这两个位点进行模拟磷酸化和非磷酸化的点突变实验并获得了转化子，令人奇怪的是当 MoSom1 第 227 位丝氨酸突变为丙氨酸后可能引起了 MoSom1 蛋白构象变化导致该蛋白不表达。笔者在此基础上又构建了模拟非磷酸化的点突变载体 p*MoSOM1*^{S227V}-GFP 和 p*MoSOM1*^{S227Y}-GFP，并将其转入 Δ*Mosom1* 突变体中对所获的转化子进行了进一步表型分析，结果如下：① 在完整和划伤的大麦和水稻叶片上，点突变菌株 Δ*Mosom1*/*MoSOM1*^{S227V} 和 Δ*Mosom1*/*MoSOM1*^{S227Y} 均不能形成病斑（图 3.4），说明 MoSom1 第 227 位氨基酸残基的磷酸化对致病性是必需的；② Δ*Mosom1*/*MoSOM1*^{S227V} 和 Δ*Mosom1*/*MoSOM1*^{S227Y} 与 Δ*Mosom1* 相似，不能产生分生孢子（图 3.5），推测第 227 位丝氨酸的磷酸化可能在产孢过程中也起一定的作用。③野生型菌株 Guy11 的菌丝尖端能形成附着胞，而 Δ*Mosom1*/*Mo-*

$SOM1^{S227V}$ 和 $\Delta Mosom1/MoSOM1^{S227Y}$ 即使延长诱导时间也不能观察到附着胞（图3.6）。这说明 MoSom1 中 S227 位点的磷酸化在附着胞的形成中起重要作用。

为进一步证实第 227 位这个磷酸化位点的存在，合成了单磷酸化多肽（C-DMDGNRQRPSpSP）和非磷酸化多肽（C-DMDGN-RQRPSSP），获得了第 227 位点的特异性抗体，Western blot 试验证实 MoSom1 中 S227 位点是 PKA 磷酸化位点。

6.1.3　糖基转移酶蛋白 MoGt2 是稻瘟病菌侵染相关形态发生和致病性所必需的

本研究鉴定到了一个致病相关基因 *MoGT2*，*MoGT2* 编码一个 2 型糖基转移酶蛋白。在丝状病原真菌如禾谷镰刀菌（*F. graminearum*）、粗糙脉孢菌（*N. crassa*）、灰霉病菌（*B. cinerea*）和叶枯病菌（*Z. tritici*）中 Gt2 序列高度保守（图4.1B），而在酿酒酵母（*S. cerevisiae*）、裂殖酵母（*S. pombe*）以及人体致病菌念珠菌（*Candida*）中没有 Gt2 的同源蛋白。由此可见，MoGt2 在丝状真菌中非常保守。研究结果显示敲除体 *Δgt2* 的致病性丧失并在侵染相关的形态发生上存在缺陷，表明稻瘟病菌 *MoGT2* 在形态分化和致病过程中起重要作用。作为 2 型糖基转移酶蛋白家族的成员，Gt2 含有保守的 DxD 和 QxxRW 基序，定点突变实验证实 DxD 和 QxxRW 基序对 MoGt2 蛋白的功能有重要作用。

最近有研究表明，*GT2* 对叶枯病菌（*Z. tritici*）和禾谷镰刀菌（*F. graminearum*）的菌丝生长是必需的（King et al.，2017）。在稻瘟病菌中，*Δgt2* 突变体菌落生长缓慢，与叶枯病菌（*Z. tritici*）和禾谷镰刀菌（*F. graminearum*）的 *gt2* 突变体表型相似，进一步证实了 Gt2 在真菌菌丝生长过程中功能保守。CFW

染色结果发现敲除体的菌丝间隔较多且细胞间隔较短，这可能是 Δ*gt*2 突变体菌落生长缓慢的原因。

无性繁殖和附着胞的形成在稻瘟病菌侵染循环中起重要作用 (Talbot，2003；Wilson and Talbot，2009)。目前，已经鉴定了许多涉及分生孢子产生的基因，如 *COS1*、*HTF1*、*LDB1*、*SOM1*、*CDTF1*、*CKS1* 等 (Zhou et al.，2009；Kim et al.，2009；Liu et al.，2010；Li et al.，2010；Yan et al.，2011；Yue et al.，2017)。Δ*gt*2 突变体不能产生分生孢子，qRT-PCR 分析表明 *COS7* 和 *HTF1* 在 Δ*gt*2 中表达水平显著降低，表明 *MoGT2* 可能通过调控 *COS7* 和 *HTF1* 的表达正调控分生孢子的产生。同时，发现 Δ*gt*2 突变体不能穿透寄主表皮，菌丝尖端也不能形成类附着胞结构。此外，Δ*gt*2 突变体表现为"易润湿"表型，并且疏水蛋白基因 *MPG1* 显著下调，这可能归因于分生孢子产生和菌丝生长上的缺陷。

细胞壁是维持细胞形态的重要结构，也是形态发生期间细胞扩张的关键 (Levin，2005)。在稻瘟病菌中，细胞壁的完整性对于真菌的致病力是至关重要的 (Jeon et al.，2008；Qi et al.，2012；Guo et al.，2015)。本研究中 Δ*gt*2 突变体细胞壁完整性存在缺陷，营养菌丝对细胞壁压力胁迫敏感性增强。在粗糙脉孢菌中，*cps-1* 缺失突变体对细胞壁胁迫因子敏感，并且在细胞壁生物合成中起关键作用 (Fu et al.，2014)。然而 Guy11 和 Δ*gt*2 突变体的细胞壁结构并无明显差异。

本研究构建了 *MoGT2*-GFP 融合载体并转入 Δ*gt*2 突变体中，表型均能恢复，但转化子中不能检测到 GFP 荧光信号。以 GFP 为抗体进行 Western blot 分析，能检测到一条预期的 83kDa 条带，证实 *MoGT2*-GFP 融合蛋白成功表达。然而，还检测到一条丰裕的 27kDa 的 GFP 条带，表明 *MoGT2* 和 GFP 之间发生切割。基于 MoGt2 的预测拓扑，MoGt2 的 C 末端位于质膜外，因此推断 C 端

GFP 可能被切割并释放到胞外，因此不能用于研究 MoGt2 的亚细胞定位。此外，最初打算筛选 MoGt2 潜在的直接底物，但是糖蛋白染色结果中没有检测到存在于野生型和互补菌株中、不存在于 $\Delta gt2$ 中的糖基化蛋白。相反，在敲除体中发现 $65 \sim 75kDa$ 的条带。尽管该蛋白条带可能不是 MoGt2 的直接底物，但我们仍试图通过质谱分析鉴定它。对这些候选蛋白编码基因的功能研究可以帮助进一步阐明 MoGt2 在稻瘟病菌形态发生和致病过程中的潜在作用机制。

6.2 创新点

（1）虽然 Pex1 在丝状真菌中比较保守，但上述有关稻瘟病菌 *MoPEX1* 基因在形态分化和致病性中作用的报道尚属首次。

（2）该研究通过点突变的方法鉴定到 S227 这个氨基酸残基为 MoSom1 的一个 PKA 磷酸化位点，阻止该残基的磷酸化会影响稻瘟病菌的形态分化和致病性。

（3）初步阐明了糖基转移酶蛋白 MoGt2 是稻瘟病菌侵染相关形态发生和致病性所必需的。

6.3 展望

（1）结合 CoIP 和 BIFC 等技术来研究 *MoPEX1* 和 *MoPEX6* 以及其他过氧化物酶体基因之间的确切关系。

（2）筛选 MoSom1 的互作蛋白。

（3）筛选并鉴定 MoGt2 的直接底物，探索质谱分析鉴定的 5 个候选蛋白与 MoGt2 的潜在联系，从而进一步阐明 MoGt2 在稻瘟病菌形态发生和致病过程中的作用机制。

参考文献

[1] Collins C S, Kalish J E, Morrell J C, et al. The peroxisome biogenesis factors Pex4p, Pex22p, Pex1p, and Pex6p act in the terminal steps of peroxisomal matrix protein import. *Mol Cell Biol*, 2000, 20: 7516-7526.

[2] de Jong J C, McCormack B J, Smirnoff N & Talbot NJ. Glycerol generates turgor in rice blast. *Nature*, 1997, 389: 244-244.

[3] Fu C, Sokolow E, Rupert C B, et al. The *Neurospora crassa CPS-1* polysaccharide synthase functions in cell wall biosynthesis. *Fungal Genet Biol*, 2014, 69: 23-30.

[4] Guo M, Gao F, Zhu X, et al. MoGrr1, a novel F-box protein, is involved in conidiogenesis and cell wall integrity and is critical for the full virulence of *Magnaporthe oryzae. Appl Microbiol Biotechnol*, 2015, 99: 8075-8088.

[5] Goh J, Jeon J, Kim K S, et al. The *PEX7*-mediated peroxisomal import system is required for fungal development and pathogenicity in *Magnaporthe oryzae. PLoS One*, 2011, 6: e28220.

[6] Heyman J A, Monosov E & Subramani S. Role of the *PAS1* gene of *Pichia pastoris* in peroxisome biogenesis. *J Cell Biol*, 1994, 127: 1259-1273.

[7] Howard R J, Ferrari M A, Roach D H & Money N P. Penetration of hard subtrates by a fungus employing enormous turgor pressures. *Proc Natl Acd Sci USA*, 1991, 88: 11281-11284.

[8] Howard R J & Valent B. Breaking and entering-host penetration by the fungal rice blast pathogen *Magnaporthe grisea. Annu Rev Microbiol*, 1996, 50: 491-512.

[9] Jeon J, Goh J, Yoo S, et al. A putative MAP kinase kinase kinase, *MCK1*, is required for cell wall integrity and pathogenicity of the rice blast fungus, *Magnaporthe oryzae. Mol Plant Microbe Interact*, 2008, 21: 525-534.

[10] Kim S, Park S Y, Kim K S, et al. Homeobox transcription factors are required for conidiation and appressorium development in the rice blast fungus *Magnaporthe oryzae. PLoS Genet*, 2009, 5: e1000757.

[11] Kimura A, Takano Y, Furusawa I & Okuno T. Peroxisomal metabolic function is required for appressorium-mediated plant infection by *Colletotrichum lagenarium. Plant Cell*, 2001, 13: 1945-1957.

[12] Krause T, Kunau W H & Erdmann R. Effect of site-directed mutagenesis of conserved lysine residues upon Pas1 protein function in

peroxisome biogenesis. *Yeast*, 1994, 10: 1613-1620.

[13] Levin D E. Cell wall integrity signaling in *Saccharomyces cerevisiae*. *Microbiol Mol Biol Rev*, 2005, 69: 262-291.

[14] Li L, Wang J, Zhang Z, et al. MoPex19, which is essential for maintenance of peroxisomal structure and woronin bodies, is required for metabolism and development in the rice blast fungus. *PloS One*, 2014, 9: e85252.

[15] Li Y, Liang S, Yan X, et al. Characterization of *MoLDB1* required for vegetative growth, infection-related morphogenesis, and pathogenicity in the rice blast fungus *Magnaporthe oryzae*. *Mol Plant Microbe Interact*, 2010, 3: 1260-1274.

[16] Liu W, Xie S, Zhao X, et al. A homeobox gene isessential for conidiogenesis of the rice blast fungus *Magnaporthe oryzae*. *Mol Plant Microbe Interact*, 2010, 23: 366-375.

[17] Money N P & Howard R J. Confirmation of a link between fungal pigmentation, turgor pressure, and pathogenicity using a new method of turgor measurement. *Fungal Genet Biol*, 1996, 20: 217-227.

[18] Platta H W, Grunau S, Rosenkranz K, et al. Functional role of the AAA peroxins in dislocation of the cycling *PTS1* receptor back to the cytosol. *Nat Cell Biol*, 2005, 7: 817-822.

[19] Qi Z, Wang Q, Dou X, et al. MoSwi6, an APSES family transcription factor, interacts with MoMps1 and is required for hyphal and conidial morphogenesis, appressorial function and pathogenicity of *Magnaporthe oryzae*. *Mol Plant Pathol*, 2012, 13: 677-89.

[20] Ramos-Pamplona M & Naqvi N I. Host invasion during rice-blast disease requires carnitine-dependent transport of peroxisomal acetyl-CoA. *Mol Microbiol*, 2006, 61: 61-75.

[21] Talbot N J. On the trail of a cereal killer: Exploring the biology of *Magnaporthe grisea*. *Annu Rev Microbiol*, 2003, 57: 177-202.

[22] Thines E, Weber R W & Talbot N J. MAP kinase and protein kinase A-dependent mobilization of triacylglycerol and glycogen during appressorium turgor generation by *Magnaporthe grisea*. *Plant Cell*, 2000, 12: 1703-1718.

[23] Wang J Y, Wu X Y, Zhang Z, et al. Fluorescent co-localization of PTS1 and PTS2 and its application in analysis of the gene function and the peroxisomal dynamic in *Magnaporthe oryzae*. *J Zhejiang Univ Sci B*, 2008, 9: 802-810.

[24] Wang J Y, Zhang Z, Wang Y L, et al. *PTS1* peroxisomal import pathway plays shared and distinct roles to *PTS2* pathway in development and

pathogenicity of *Magnaporthe oryzae*. *PloS One*, 2013, 8: e55554.

[25] Wang Z Y, Soanes D M, Kershaw M J & Talbot N J. Functional analysis of lipid metabolism in *Magnaporthe grisea* reveals a requirement for peroxisomal fatty acid β-oxidation during appressorium-mediated plant infection. *Mol Plant Microbe Interact*, 2007, 20: 475-491.

[26] Wilson R A, Talbot N J. Under pressure: investigating the biology of plant infection by *Magnaporthe oryzae*. Nat Rev Microbiol, 2009, 7: 185-195.

[27] Yan X, Li Y, Yue X, et al. Two novel transcriptional regulators are essential for infection-related morphogenesis and pathogenicity of the rice blast fungus *Magnaporthe oryzae*. PLoS Pathog, 2011, 7: e1002385.

[28] Yue X, Que Y, Deng S, et al. The cyclin dependent kinase subunit Cks1 is required for infection-associated development of the rice blast fungus *Magnaporthe oryzae*. Environ Microbiol, 2017, 19: 3959-3981.

使用引物

第二章使用引物见附表 1。

附表 1　第二章使用引物

引物名称	序列(5'-3')
LAD1	ACGATGGACTCCAGAGCGGCCGCVNVNNNGGAA
LAD2	ACGATGGACTCCAGAGCGGCCGCBNBNNNGGTT
LAD3	ACGATGGACTCCAGAGCGGCCGCHNVNNNCCAC
LAD4	ACGATGGACTCCAGAGCGGCCGCVVNVNNNCCAA
LAD5	ACGATGGACTCCAGAGCGGCCGCBDNBNNNCGGT
AC1	ACGATGGACTCCAGAG
R1	CGTGACTGGGAAAACCCTGGCGTT
R2	ACGATGGACTCCAGAGCGACCCAACTTAATCGCCTTGCAGCACATC
R3	GAAGAGGCCCGCACCGATCGCCCTT
ATMT hb F	TCCCCCGGGCTGCAGGAATTCCCTCGTGATGATACCGCTA
ATMT hb R	GATAAGCTTGATATCGAATTCGATATACACAAACAGTTAGG
LB F	GGATCCCCCGGGCTGCAGGAATTCAGCACATCAAGAACATCGTC
LB R	CCTTCAATATCAGTTATCGAATTCAACTAGTTCTAGCAGATCATG
RB F	CTTATCGATACCGTCGACCTCGAGTGTCTTAACCTAACTGTTTG

续表

引物名称	序列(5'-3')
RB R	GGTACCGGGCCCCCCCTCGAGAGGCGCTAGCTAGTTTGAC
check up	GCAGAGAATGGTAAGTGTCC
check d	CGCCGAGTATGTCAACGTC
Htp up	GACAGACGTCGCGGTGAGTT
Htp d	GTCCGAGGGCAAAGAAATAG
Tublin F1	GTTCACCTTCAGACCGG
Tublin R1	GAGATCGACGAGGACAG
PSZ1 SF4	ACCACACCACTTACTTTACC
RT-SR	CGAGATCGTC CAGTATCAC
9299GFP F	GGATCCCCCGGGCTGCAGGAATTCTGTATAAGGAGTAGG CAA
promGFP R	TCCTCGCCCTTGCTCACCATTATGTGTGTGTGTGTCTTGA
GFP F	ATGGTGAGCAAGGGCGAGGA
GFPR	CTTGTACAGCTCGTCCATGC
9299GFP F	GCATGGACGAGCTGTACAAGGCTCCACGAAAGAACGGGC
9299GFP R	GATAAGCTTGATATCGAATTCAGACTCCTGGTGGGCTGGC
9299 AD F	GGCCATGGAGGCCAGTGAATTCATGGCTCCACGAAAGAAC GG
9299 AD R	TGCCCACCCGGGTGGAATTCCTACATCAAGCTAGAACGT
PEX6 BK F	GGCCATGGAGGCCGAATTCATGGACCCGGCGCAAACCC
PEX6 BKR	TCGACGGATCCCCGGGAATCCTCAATCGTACAAGCCCTCAT
βtub-q-F	CATACGGTGACCTGAACTAC
βtub-q-R	CCATGAAGAAGTGCAGACG
ALB1-q-F	TGACACCTTCCTCAACACC
ALB1-q-R	CGAGCCAGATTTAAGCAGCC
BUF1-q-F	TACAAGCACCTCGAGATTGG
BUF1-q-R	CAGTAATCTTCTTGTCGGCC
RSY1-q-F	TTCCTCGACAAGCTCTGG
RSY1-q-R	GTGTCCTTGTACCTCTGGTG

第三章使用引物见附表 2。

附表 2　第三章使用引物

引物名称	序列(5'-3')
Som1 SF1	CGGTCGACGTACATGCCTAG
Som1 SF2	CCACACCAACCTTGATTTGA
Som1 SF3	GTCGCGAAGAATTAGAGGTG
Som1 SF4	ACAATGCTCCATCACCCTCG
Som1 SF5	GCCGCGCAGATGAATGGA
Som1-NGFP F	GGATCCCCCGGGCTGCAGGAATTCGTCTATCTTTATGTGCGCCG
Som1-NGFP R	CAGCTCCTCGCCCTTGCTCACCATGTCGGCGCCAATTTCGTTGG
S227V R	TTGTCAGCTGAACTAGGGGAGACGGGTCTTTGGCGGTTA
S227V F	TAACCGCCAAAGACCCGTCTCCCCTAGTTCAGCTGACAA
S227Y R	TTGTCAGCTGAACTAGGGGAGTAGGGTCTTTGGCGGTTA
S227Y F	TAACCGCCAAAGACCCTACTCCCCTAGTTCAGCTGACAA

第四章使用引物见附表 3。

附表 3　第四章使用引物

引物名称	序列(5'-3')
LB F1	CATGGTACCCGTCTCGCGGTAGATATTTG
LB R1	TACGGATCCCAGAAATGCAGTGGATTCTTC
RB F1	CATCTGCAGTAACGCCTTATGGATTGAACG
RB R1	ACTAAGCTTCGTCTGCTCCTTGAATCTAT
In F	ACGACGTTACCTGGCCATCG
In R	GACATGACGCTCCTTGACCA
Check F	CTACCTAGGACTGTGCTGTA
Hph R	GGCTGATCTGACCAGTTGCC
Tublin F1	GTTCACCTTCAGACCGG
Tublin R1	GAGATCGACGAGGACAG

引物名称	序列(5'-3')
Tublin F2	CATACGGTGACCTGAACTAC
Tublin R2	CCATGAAGAAGTGCAGACG
hb F	GGATCCCCCGGGCTGCAGGAATTCCTACCTAGGACTGTGCTGTA
hb R	CAGCTCCTCGCCCTTGCTCACCATCAGGTGCTCCCATTCCTCTT
Gt2 up F	TCCCCCGGGCTGCAGGAATTCCTACCTAGGACTGTGCTGTA
Gt2 down R	GATAAGCTTGATATCGAATTCGAAACCAAAATCACCCATTCC
D156R R	TCGGGCCATAATAGTGATGC
D156R F	GCATCACTATTATGGCCCGAGACGACGTTACCTGGCCATCG
D158R R	TCGGTCATCGGCCATAATAG
D158R F	CTATTATGGCCGATGACCGAGTTACCTGGCCATCGACCAT
D301R R	TCGGTAGAGGAACTTGATGT
D301R F	ACATCAAGTTCCTCTACCGATGCTCGAGGTGGGCCAGGAG
CON7-q-F	AGTGGCAGCAGTGGAGATC
CON7-q-R	GCGGTTGGGCATAGAGGTT
HTF1-q-F	GATGGATTCTCAGTCTCGG
HTF1-q-R	AATGACGATGGAGCCGCTTG
ALB1-q-F	TGACACCTTCCTCAACACC
ALB1-q-R	CGAGCCAGATTTAAGCAGCC
BUF1-q-F	TACAAGCACCTCGAGATTGG
BUF1-q-R	CAGTAATCTTCTTGTCGGCC
MPG1-q-F	GAAGGTCGTCTCTTGCTGCA
MPG1-q-R	GGATGTTGACCAGACCAATC

基因组序列和蛋白质序列

1. MGG _ 09299 基因组序列（阴影部分是内含子）

```
1    ATGGCTCCAC GAAAGAACGG GCATTCGACA GCGGCCGAGA TTTCGCTTGT CCACCTCAAG
61   AACTGTCTTG TAAACCTACC ATCGGCACTC GTCAACCTGC TTGTCAACAT CAACGCTGTA
121  AGCTTTTGCA CATAATAAAC TTCCCTGTGC ATCGAAGAGG GTTATATCGG TTGTGATTGC
181  AGCTGCTTAT TTTTCTAACT TTCAACGTCT ACCACTTTCC CAGCATGCCC AAAATGTCGT
241  CGTCGAACTC AGCTGGCGAT CTAGCGACGG CTCGCAAAAG TCGTCATACC TCGGCTGGAC
301  CGGCCTCCCC AGCAAGCGCA AGCTCGCCCC GATAGTCACC CGCGATGGTA TCCAAGGCTC
361  GCGGGGCTCG GGAGGATCGC GCGAGCAGGA AATCTCACTC GTGGAGATCG ACCCGACACT
421  GGCAAATACC CTGGGACTGA GCGACGGCCA GAAGATCACG GCCATGATCC ACCTAGAGTT
481  CCCTATGGCG CATACAGTGC ACATCGAGCC CCTCACCCCT GAGGACTGGG AGGTCATCGA
541  GCTGCACGCC AACTTTCTCG AGCTCAACAT GATGTCCCAG GTGCGCGCGC TGCCCAATCC
601  AGCATTCGCA CCGCCCGGTG GTGTCCCAGG ATCCGCTGCG CACCCCTTGG CTCTGCACGT
661  CTCGCCAACT TCCACCGCAA GCATCAGGGT CGCATCCCTG GAACCTGCAG CGGGGTCAGA
721  TGTGCCGTTC GTCAAGATCG CCCCTAACGC CGAGGTTATA GTGGCGCCCA AGGAGAGGTC
781  CAAGCCCTCG CGGCCGGGGA AGAGCAGCAG CAAGGGGGGC CGCAGCGTGG ATGGCGCTTC
841  GGGCAAGAGC TCAAGCAGCA CCGTGAGAAG GAACAGGAGG AGCAAAAGCG AGGAGCGCAA
901  GCCTGCCTTG TACCTGCGAG CCATGGACAG GCGATACTGC GAAGATTGGT TCGACGACGT
961  CGACGAGGCA GGCAAGGAGC TACAGGAGGG GCTAAGCGTT TGGGTGGATC GGGATCTGCT
1021 CTTCTCCAAA GGTTTCCGAG GGGTCAAGTA CGTCGCAGTC GATCTCATGC GACCTTCAAA
```

```
1081 CATTCAGGCC   CAGCCTGCAG   ATGGGGCTGA   GGCTCAACAA   AAACAGTCTA   CCCGGGTTGT
1141 GGCCATGTTG   TGCGGCTGGG   ACGATCCGCC   AAATGGGTCT   ACAGTGGCTC   TTTCGACGCC
1201 CCTATGCGCG   TCACTGGACT   GCCAGGGGAT   TGTAGGAGGA   GTGGTGAAGA   TTGAACCAGC
1261 TCCAACACCT   TTTACAGTCA   ACACAAGCGC   CGAAAAGTCT   GACCAGCCTA   ACACAATACG
1321 TCGAATCAAG   GTCTTTCCGT   TTCTGGCTGC   TGGCAGCTCA   CCTTCCGCCG   CACTTACGTT
1381 TGGAGGCGAA   TCCAAGGCCG   AGAAGGAGGA   CGCGTCAAAG   CGACTGAAGC   TTGTGTATGG
1441 TGGCAAGGAT   GGCAAGGGTC   TTTTGCAGGG   GCCTCTTACT   GATGGTCAAG   TGCTCGGAAT
1501 CTATCAAGGC   GTACAACAGA   TTCCGGGATG   GGAGGGCGGC   ATAATAAAGT   TTGACCCGCC
1561 ACCAGAGGCC   GGACAACCAA   CCCGAGAATC   GATAAACTGG   ATATTGGGAT   CACAGAAGCC
1621 AATCCCTTTC   GATATACAGC   CCGGGGTACC   TCCACCAGCA   GGAGCTACAC   ATGATGATGG
1681 TCTCGACGAG   GCAGAGTCTA   GCGACAATAT   CCTCGTTGGC   ATTGATTCGC   TTCTCAAGGA
1741 GCTCAAGTCC   CATCTGACGC   ACTTGTCATC   CGTCCTGCTG   ACCGGCGCAC   TTGGCTCTGG
1801 AAAAACGTCA   GTGGGAAAGA   GCATCGCCAA   CGCCCTGAAG   CGGGATTCGT   TTTACCACAC
1861 CACTTACTTT   ACCTGTCGCA   GCCTCACAAA   CGACGAGAGC   AGAGTTGCTA   CAGTTCGGGA
1921 GACACTAAAT   CGTCTCTTCA   TGAACGCCAG   CTGGGGTGCG   AGGCTAGGCG   GCAAGGCCAT
1981 TGTGATACTG   GACGATCTCG   ACAAGCTGTG   CCCAGCTGAA   ACCGAGCTTC   AAGTGGGCAA
2041 TGACAACGGC   CGCAGCCGGC   AGATTAGCGA   AGCACTATGT   GCCATCGTCA   AACAATACTG
2101 CGCCGAGGAT   AGCGGCGTGG   TCCTGCTGGC   CACTGCCCAG   GCTAAGGAGT   CATTACATGG
2161 CGTGGTCATT   GGTGGTCATG   TGGTTCGCGA   GATTGTGGAG   CTCAAATCGC   CCGACAAGGA
2221 CGCAAGGAGG   AAAATAATGG   AGGCCATCAC   GAAACAAGGG   CCCCTCATTA   CGGATATAGC
2281 CACGAGAGAT   ACCCCCAGCG   ACCATTCGCG   GCCCACAACA   GCCGATGGCA   GCGCTGCGGA
2341 AGATGAGGGT   GCGTGGATGG   ACGGGCCCAG   CAGGTCGAGC   CAGAATGGTA   CAAATGACCG
2401 TGGTGACGGC   TACTACTTGC   AACCAGACCT   CGACTTCTTG   GACATAGCTG   GGCGGACCGA
2461 CGGGTACATG   CCAGGAGATC   TCTTGCTCCT   CGTTACCAGA   GCCCGGAACG   CGGCGCTCAG
2521 TCGGTCCCTC   GAGGAGACTG   CCGAGGATGA   TCATCTCAAC   GCCTTGGGCG   TTCCGCTTGG
2581 CATGCAGGAT   TTTGACGAGG   CCCTAAAGGG   TTTCACCCCA   GCATCGCTCC   ACAACGTTAG
2641 TCTGCAAAGC   TCGACGATCA   AGTTCGACTC   CATCGGCGGC   CTTTCCGAGA   CGCGACGTGT
2701 TCTGCTCGAG   ACGTTGCAGT   ACCCGACAAA   ATACGCCCCC   ATCTTCGCGC   AGTGCCCACT
2761 CCGTCTGCGG   TCGGGTCTTT   TGCTCTATGG   CTATCCCGGC   TGTGGCAAGA   CTCTACTGGC
```

```
2821 CAGCGCGGTG  GCGGGAGAAT  GCGGTCTCAA  CTTCATCAGT  GTGAAGGGTC  CTGAGATTCT
2881 GAACAAGTAC  ATTGGTGCCT  CGGAAAAGAG  CGTAAGAGAC  TTGTTTGAGC  GAGCATCGGC
2941 GGCCAAGCCT  TGTGTTCTCT  TCTTCGACGA  GTTTGACTCC  ATCGCGCCCA  AGCGTGGACA
3001 CGACTCGACG  GGTGTCACCG  ACCGTGTGGT  GAACCAGCTT  TTGACGCAAA  TGGACGGTGC
3061 CGAGGGGTTG  TCGGGCGTCT  ACGTGCTCGC  GGCGACATCG  CGGCCGGACT  TGATCGACCC
3121 TGCTCTACTG  AGGCCAGGGC  GTCTGGACAA  ATCCCTGATC  TGCGACTTCC  CCAACGCTGA
3181 GGACCGACTG  GATATCATCA  GGGCCCTCGC  GAGCAAGGTC  AAGGTCGGCG  AAGAGGTGCT
3241 AGCCAACGAG  GCCGAGCTCT  TGGAGCTGGC  GAGACGCACC  GAGGGATTCA  CGGGCGCCGA
3301 CCTGCAGGCG  CTCATGTCGA  ACTCGCAGCT  CGAGGCCATT  CACGACGTCC  TGGGAGATCA
3361 CGGCGCCGGC  GTGGGCGCAT  CGGCCGGCAA  GGGCAAATAC  GGCGGGAGGA  AGTCCGCCGT
3421 AGCAGCTTCA  GGCAGAGGGC  GCGCCAACTA  CGTTCAGTTC  TTGTACGGTG  AAGAGCAGGA
3481 GGCTCGGAAG  CCGACCGGGG  CGACCACGCT  GTCATCGGAA  ATGGCGGAGA  GGGCAGCCAT
3541 TGCGGCCAAG  CTCGAGGCCA  TCAAGCTCGC  CAAGAAGGCT  GCAAAGGCAT  CCAAGGCCGG
3601 CCGCGGGGCG  CAGCCTGTGA  ACGGCGTGGA  TGACGAGGGT  GGCGAGGACA  AAGCAAAGCA
3661 GGACAGCGGC  GGTGCGGGTG  AGGTTGTGAT  TGGGTGGAGT  CACATCACCA  AGGCACTGGA
3721 CGAGACTCGT  CCCAGTATCA  GCTCGGAGGA  GCGGGCAAGA  TTGGAGAGGA  TTTACCGTGA
3781 GTTTGTTGTT  GGCAGGAGTG  GGCAGATGAA  AGACGGGCAG  CCTTCTATGG  AGATTGGAGG
3841 ACGTTCTAGC  TTGATGTAG
```

2. MGG_01191 基因组序列 （1907bp，阴影部分是内含子）

```
  1 ATGGCAACTC  CACTACAAAT  TATGCCCTTG  CCAGTATGGC  CCATCACTTT  CCTTGAGGAT
 61 GCCGTTGTAT  ACTTGTCGGC  TTTGTTCACA  CCCTGGTTTA  CAGCATTTTG  CGTACTATGG
121 TGAGTATCTT  GATCAGCAGC  CTCGTACGCG  AACTACGGGG  GGGTTTTTTT  TTCTTCTTTT
181 TGTTTTTCTT  TTTTGTTGGA  CTAACACTTT  TTTCTCCACC  CCCACCAAAG  GCTGCATAGA
241 TACGTTAGAC  TCATTGTCCA  CTGCTACAGC  CACTGGACTT  ACAAGTCTAA  ACCAATCCCA
301 AGCAAGCCAT  CCTACACATC  AGATGATGTT  ACGGTTGTGA  TTCCCACGAT  CCACGACAAC
361 TTTGATGAGC  TCCGACCCTC  GCTTGAGAGT  ATTCTGGCCA  CAAAGCCGCA  CGAGCTGATT
421 ATGGTCACAA  CCGCCGACAA  GTTTGAGGAT  CTGCAGAGGG  TTGCAAAAAC  CCTCTCTTCT
```

```
 481 CCCAACATCC  GCATATTCTG  CACTCAGTAC  GCCAATAAGC  GCATCCAGGT  GTGCGAGGCC
 541 CTGCCAAAGA  TTACGACTCG  CATCACTATT  ATGGCCGATG  ACGACGTTAC  CTGGCCATCG
 601 ACCATGATGC  CGTGGATTCT  GGCCCCATTT  GAGGACCCGA  AGATTGGAGG  TGTCGGCACA
 661 TGCCAGCGGG  TAAAGAGGGT  TAGGGAGGGA  GGACTTGGGC  TCAGGATATG  GAACTGGTTG
 721 GGCGCCGCCT  ACATCGAGCG  ACGCAACTTT  GAGATCTCTG  CAACGCACAA  CATGGACGGC
 781 GGTACCTCTT  GCATGTCGGG  TCGAACTGGC  GCCTACCGAT  CTGAAATCCT  CAGAGATTAC
 841 GAGTTTCTTG  AGGGATTCAT  GAAGGAGGAG  TGGTGGGGTA  AGATCCTCAA  GGCCGACGAC
 901 GACAATTTTG  TGAGCCGCTG  GCTTGTCAGC  CATAAGTGGA  AGACGTGGAT  TCAGTACGAG
 961 CAGGAATGTG  AGCTGGAGAC  GACGCTCGAG  GACAACATCA  AGTTCCTCTA  CCAATGCTCG
1021 AGGTGGGCCA  GGAGCAACTG  GCGCAGCAAC  TGGACCAGCC  TGGTCAAGGA  GCGTCATGTC
1081 TGGAAGTGAG  TCTATTTTCT  CCTCTTTTGT  CTCCATCTTT  TCCATGGCCC  CCAAAACCCA
1141 TCCGCCTTAT  ACAGATGATA  GCCCTATGGG  CAAAATCCCC  CCTTTCATAC  CTCTATTATA
1201 CCCATACCTT  GCGCGCAGCT  ATGGATTGGA  TGGCTTTCTC  TTATATACCC  CGGTCCCTCA
1261 GCTCGACCAA  TCGGTTGCAT  CGTGGGCTCG  GCTCGCCCCC  CCTGACTTGT  TATCCGAACC
1321 TGGTAACTGA  CCCACATTTC  CTTTTTTGTT  TGTCCACAGA  CAACAATGGT  GGTGCACATA
1381 TGCATTCAC   ATTGCAACCT  TCACCTCGCT  CGCCTTCGTC  TTCGACTTTC  TCATCCTGGC
1441 AGCCCTCTGG  TGGGGTACCG  AAGGTTGGGA  GCCCGTGAAC  CGAAACCGTG  CCATTTACGC
1501 CCAGCTCGCA  TTCCTGGCCT  TCTCCAAGGT  TGTCAAGCTC  GTTGGCCTCT  TCCGCCGCCA
1561 CCCGGCCGAC  ATCATGTTCC  TCCCCGTGTC  CATCATTTTT  GGGTACTTCC  ATGGCCTCAT
1621 CAAGATCTAT  GCCGGCCTGA  CTCTTAATAT  GGTAAGCATT  AACTCATCAC  TCGTACAACA
1681 ATACTGGCCT  GAAATCTTCT  AACACAAGTT  TTGGCATGTA  GACATCATGG  GGAAGCCGAA
1741 CAGATGGAGA  CACCGACGAC  GCACACCGTC  TTGCGCCCGG  CCCGGTCCGA  TGTTCTAGTC
1801 TCAACACGCC  CCGGAGCGAG  CACAAGCTTC  CTCACTACAT  GCAGGAGCGC  GACGAAATCG
1861 TCAACGAGAA  GCAGCAAATG  CGGGAAGAGG  AATGGGAGCA  CCTGTGA
```

3. MGG_01191 蛋白序列 （483aa）

```
  1  MATPLQIMPL  PVWPITFLED  AVVYLSALFT  PWFTAFCVLW  LHRYVRLIVH  CYSHWTYKSK
 61  PIPSKPSYTS  DDVTVVIPTI  HDNFDELRPS  LESILATKPH  ELIMVTTADK  FEDLQRVAKT
```

121 LSSPNIRIFC   TQYANKRIQV   CEALPKITTR   ITIMADDDVT   WPSTMMPWIL   APFEDPKIGG

181 VGTCQRVKRV   REGGLGLRIW   NWLGAAYIER   RNFEISATHN   MDGGTSCMSG   RTGAYRSEIL

241 RDYEFLEGFM   KEEWWGKILK   ADDDNFVSRW   LVSHKWKTWI   QYEQECELET   TLEDNIKFLY

301 QCSRWARSNW   RSNWTSLVKE   RHVWKQQWWC TYALHIATFT   SLAFVFDFLI   LAALWWGTEG

361 WEPVNRNRAI   YAQLAFLAFS   KVVKLVGLFR   RHPADIMFLP   VSIIFGYFHG   LIKIYAGLTL

421 NMTSWGSRTD   GDTDDAHRLA   PGPVRCSSLN   TPRSEHKLPH   YMQERDEIVN   EKQQMREEEW

481 EHL